JN313187

口絵4 能登半島七尾西湾産カキ殻と含鉄資材を混合造粒した新しい肥料はキュウリの立枯れ病(写真右)抑制効果(写真左)などの高いことがわかった.地域のヒット商品にもなった(石川県立大学付属農場:2005年5月).

口絵5 一般に植物は根へ十分な空気の供給がないと地上部を維持できない.金沢兼六園の樹齢200年近い名木唐崎松(左)は霞ヶ池(右)と小川(手前)にはさまれたせまい園地に育つ.地下水位が1m弱のところもみられるが、水が絶えず移動し、新しい酸素が供給されている(2001年3月).

口絵6 冷害を受け立毛状態で秋を迎えたあきたこまち(岩手県衣川村:1993年9月).

口絵1 黄褐色洪積酸性土壌．植生は岩石が大気にふれ、風化、土壌化した地表からごくわずかの浅いところ、根圏で確保されている．上部は笹、松などの林地（石川県鳳至郡能登町斎和：2007年10月）．

口絵2 中山間地の冷たい水を波板によりう回させ導水、堆肥を主とした有機質肥料栽培．環境保全型農業を実践する得能氏の水田を観察される熊澤喜久雄東京大学名誉教授（石川県河北郡津幡町下河合：2002年7月）．

口絵3 洪積酸性の能登半島．畑土壌では土の肉、腐植が絶対量不足．木質破砕材をケイフンなどで堆肥化．バレイショ畑に施用する（石川県能登町柳田：1999年4月）．

環境保全型農業の理化学

石川県立大学客員名誉教授
日中資源開発協会理事長
農学博士
長谷川和久 著

2009

東 京
株式会社
養賢堂発売

口絵7　間伐材などの木質粉砕物、刈草、牛糞などとの混合堆肥化作業(石川県羽咋郡押水町、石川県農業短大農場：1999年6月).

口絵8　ケイソウ土の採取現場.石川県には能登半島に約50億tのケイソウ土が埋蔵しており、その利用が課題とされている(石川県珠洲市、三崎の鍵主工業採掘場：2008年12月).

口絵9　貝化石の採掘.約2～3億t埋蔵する北陸の貝化石は採掘後、ふるい分け、乾燥し、天然有機質肥料として全国へ出荷される(富山県高岡市、五十辺の日本海鉱山).

口絵10 ゴビ沙漠で日本稲実る．黄河から導水し沙漠に造成した水田に日本稲栽培が可能なことを示した．試験栽培の成功は中国全土へ報道された．日本製小型コンバインで刈取中（中国中衛県：1996年9月）．

口絵11 食料の生産確保に国境は不要．沙漠のイネによる緑化試験成功の話を聞かれる中華人民共和国周恩来元首相の弟夫人、王素琴女史（中央）と北京市の自宅で．右は丸山征男氏、左は筆者（1996年）．

口絵12 イネらしき植物が点在する「水田」．沙漠における技術普及は実践指導が第一．この田は、田植え前の指導と作業ごよみによって栽培した．田植え後のある時期から畑の状態にしたという（中国内蒙古自治区：1997年9月）．

推薦のことば

　私が長谷川先生とお会いしたのは，今から約10年前の1999年3月のことであった．当時はまだ，農業短期大学の時代であった．大変元気のよい，活発に実証的な研究をされる先生で，研究業績も相当多かったが，当時まだ助教授（現在の准教授）であった．私は早速2～3の先生方と相談し，教授に昇任していただくよう教授会に諮り，昇任していただいた．

　長谷川先生の研究態度はきわめて実証的で，現地の実態に即した役に立つ研究を目指しておられた．国内では石川県，富山県を中心に研究調査を展開され，国外では中国，内モンゴルを中心に研究調査を実施されていた．土壌を何よりも大切にする姿勢を堅持され，特に土壌有機物の問題を大切にされていたように思う．最近の，手軽な化学肥料に依存する農地管理に疑問を持ち続けられ，土壌有機物の重要性を常に強調されている姿勢が私の脳裏に焼き付いている．先生の研究成果は，しばしば新聞記事に取り上げられ，石川県立大学の広告塔的役目も果たしていただいている．

　長谷川先生から「静脈産業」という言葉をよく聞く．生産指向の産業を「動脈産業」と暗黙裏に想定しての言葉であろう．経済合理性のかけ声のもとに，生産のみの合理性が追求された結果，生産過程で発生する廃棄物の処理が，合理的に行われていないことに強い疑問を持ち続けられたように思う．この廃棄物を，資源として活用する産業が発展してもよい，いや，発展しなければ循環型社会は，そもそも成立しないという思いからであろう．

　ところで，わが国の食料自給率が極端に低いことは今や誰でも知っている．経済合理性のもとに進められてきた食料についての貿易自由化は，農山村の発展に深刻な影を落とし，これが考え方によっては食料の安全安心の問題にも発展し，近年，これが契機となって，ことのほか地産地消が強く求められるようになってきた．一方，化石燃料の使用による炭酸ガス濃

度の増加は，地球環境問題を顕在化させ，循環型社会の実現がより一層強く求められるようになってきた．循環保全型農業という場合，無農薬・減農薬や無肥料・減肥料栽培がイメージされる．長谷川先生の場合，農山村で邪魔者とされている資源や廃棄物を利用した有機質肥料を作り，この活用によって，化学肥料を節約し，元気な活力のある土壌の醸成を行い，農薬の節減につなげたいという考え方である．現在，山をおそっている竹の利用，堤防の邪魔者・草の利用，農業の廃棄物・モミがらの利用など，あるいは貝化石や水産廃棄物・カキ殻の利用などがその例である．先生はまた，中国を中心に沙漠の緑化にも大きな貢献をしておられる．沙漠においてイネの栽培技術の確立に貢献され，蘇州市では循環型農業システムの確立へ技術指導なども行っておられる．

　本書は，応用科学としての農学に深い思いを寄せられた，先生のこれまでの調査研究成果を，一冊の著書にまとめられたものである．経験に基づいて先生が一歩一歩築いてこられた研究調査であり，単なる文献紹介ではない．この点，読者に深い感銘を与えるものと信じる．大学生の副読本としてはもとより，同学者の参考書として，あるいは現在，環境保全の仕事に携わっておられる市民の方々に読んでいただければ幸いに思う．

2008年11月吉日
石川県立大学学長
丸山利輔

はじめに

　我々は緑豊かな環境下，自分の目で見えるところや信頼できる場所で安全なおいしい食料が生産され，それが口に入り，健康が維持されることを望んでいる．この際，できれば地域において周辺の資材を活用して生産されればなお望ましい．このような視点から，ここでは「敬土愛農」の理念をもとに，北陸地域を例に①地域資源の持続的な有効利用，②環境を生かした持続的な食料生産，③関連産業の維持発展につながる実際的技術改良や分野の方向性提示，の3つをテーマに筆者らが取組んだ例を本書で紹介している．すなわち，土中の溢れる未利用の無機質資源や有機の生物性廃材料を食料生産と緑化，環境保全等への有効利用を図った具体的な事例を挙げ，試験結果および関連する事象の理化学的背景などを記した．おりしも化石燃料やリン酸，カリウム含有鉱物等の国際価格高騰を受けて肥料価格が大幅に値上がり，多量施肥依存農法が見直されている．このため皮肉にも灯台もと暗し的に存在する地域未利用資源の利用が各方面でいちやく注目されるようになった．この点で本書の内容は現場での応用実践上，具体的に参考となろう．

　ところで，わが国の1人当たりゴミ排出量は1日約1kgとされている．生ごみ，汚泥，糞尿，廃木材などを「燃やせば」，「うめれば」，「投棄すれば」などとかつてのように単純に処理することが今や社会では認められなくなりつつある．すぐ始末，処理しないと糞づまり状況になり，産業社会が循環しなくなる．廃棄物処理の仕方は今後，生命を支える環境の重要な課題でもある．いわゆる静脈産業の順調な発展が一層期待されている．ちなみに，人口10万人の北陸K市では1日150t弱のごみを，環境行政で収集，焼却しているが，このうち約1/3は生ごみという．個々の発生家庭等で堆肥化をより促すよう啓蒙や助成支援をし，さらに耕地，庭や菜園土壌への還元

などに導けば現行処理費用の25～30％は節約でき節税につながる．

　当初本書は，「循環農業」や「環境保全型農業」を初歩から科学的かつ実践的に学びたいと考える方々への参考テキストを作る思いから出発した．勉学への動機付けのためできるだけ具体例，試験例を中心に簡潔に記述した．また，この分野に関心を持たれる一般の方々に何らかの参考になれば幸である．なお，資料として筆者が2006年度の日本土壌肥料学会技術賞拝受の対象業績「地域資源を活かした実践的な生産環境維持技術の研究と啓蒙」関連のものを付けた．肥料や土壌改良材など新しい商品開発，農用資材や技術改良に関心を寄せられる方々に何か役立てばありがたい．なお印刷に当たり都合上，口絵のみカラー頁を当初予定していました．しかし，諸先生や実業界の方々より現地や実物の理解しやすさおよび内容の普及性から，写真はオールカラー化が望ましいとの御指導を受けました．この事を配慮し本書の体裁となった．御覧下さったみなさんの御理解と啓蒙に役立てば幸いです．

　試験や取りまとめにあたり土壌・肥料学を専攻した学生のみなさんならびに終始適切な補助をいただいた伊東志穂さんや立野朋子さん，奥野まゆみさん，平場由美さんらのお世話になった．また，本書の出版にあたり（株）養賢堂　及川　清　社長，池上　徹　前編集部長，佐藤武史　氏に多大の御配慮を受けた．記して謝意を表します．

2009年5月

長谷川　和久

目　次

第Ⅰ章　総論－地域資源を活かした環境維持 …………………………… 1
1. 文明を問う ……………………………………………………………… 1
2. 『環境にやさしい農業』 ……………………………………………… 2
3. 健康な土に学ぶ ………………………………………………………… 9
4. イネを冷害から守った土 ……………………………………………… 13
5. コメ凶作は人為的要因 ………………………………………………… 15
6. 撫育を培う千枚田の田植え …………………………………………… 16
7. 地域農業 ………………………………………………………………… 18
8. 「効果あり」の一行追加に30年 ……………………………………… 20
9. 環境保全型農業と草刈り・除草 ……………………………………… 22
　　コラム1.1　回転寿しの1個は500粒の米で ……………………… 24
　　参考1.1　施された肥料の未利用分は環境への負荷に影響 ……… 24
　　参考1.2　有機栽培，有機農法とJAS認証 ………………………… 25
10. 農薬の使用に配慮，記録を …………………………………………… 25
　　参考1.3　現在使用されている農薬はその使用方法を遵守すれば－ …… 26
　　参考1.4　健康な土づくりと防虫 …………………………………… 27
11. 施設を長く維持するための保守・安全管理 ………………………… 28

第Ⅱ章　水田環境 ………………………………………………………… 29
1. 土は生きている ………………………………………………………… 29
2. 身近な土と米（？）…………………………………………………… 33
3. 米づくりに見る"反面教師" ………………………………………… 34
4. 市街化と用水環境の保全 ……………………………………………… 37
5. 河北潟沿岸における環境保全を配慮した水稲省力栽培 …………… 42
6. 河北潟沿岸水田土壌の特徴 …………………………………………… 47

- 7. 流水客土 ··· 49
- 8. 棚田サミットに寄せて ··· 52
- 9. 期待される不耕起農法 ··· 54
- 10. 街の灯が見える棚田 ·· 56
  - コラム 2.1 千枚田の援農に参加して ·· 58
- 11. 米減収 3 つの理由 ··· 59
- 12. 米ヌカを有機米づくりに使う ·· 61
  - 参考 2.1 米ヌカ成分の研究と鈴木梅太郎のオリザニン ························ 63
  - 参考 2.2 カネミ油症診断基準を 23 年ぶりに改定 ···························· 64
  - 参考 2.3 米の需要減→食生活の変化→糖尿病，亜鉛含有食材 ·················· 64
- 13. 地力を高める作物の利用 ·· 65
- 14. マメ科植物による減肥・抑草の利用 ·· 65
- 15. まこも ··· 66
  - 参考 2.4 畑の肉 ··· 68
  - 参考 2.5 体内脂肪や血栓を洗い流す，血管の掃除屋さん ······················ 69
- 16. 栽培する作物を選ぶ ·· 69
- 17. 菜の花などから生まれるバイオマス燃料（例）······························· 71
  - 参考 2.6 ゴマ ··· 72
  - 参考 2.7 保健機能性の高い栽培作物等の開発 ································ 72

第Ⅲ章　環境の生物性廃棄資材と利用，堆肥化 ·································· 74

- 1. 里山の資源が支える地域の発展性 ·· 74
  - コラム 3.1 里山利用優等生の悩み ·· 75
  - 参考 3.1 土の中の微生物数 ·· 76
- 2. 里山荒廃，竹が侵入 ··· 76
- 3. 竹肥料を使うなら，チッソとセットで ·· 77
- 4. 森林再生へ間伐材を堆肥化 ··· 81
- 5. 堤防刈草の堆肥化 ··· 82
  - 参考 3.2 兼六園内落ち葉の堆肥化（事例）··································· 84
- 6. 堆肥化作業実践上の現場における留意事項 ···································· 85

参考3.3 野菜残渣堆肥と生ごみ堆肥の化学組成 ……………………… 88
　　参考3.4 生ごみの肥料化事例 ……………………………………………… 89
　　　コラム3.2 ねぎのお布団 ………………………………………………… 89
 7. 抑草と保健機能が高い堆肥施用が必須のフキ ………………………… 90
 8. 肥料は貴方の側がよい，有機物の施肥位置と植物の生育 …………… 91
 9. もみ殻の利用 ………………………………………………………………… 95
　　参考3.5 畜種別にみた家畜糞堆肥の成分組成 ………………………… 99
10. 農村生活排水から有用な有機質肥料 …………………………………… 99
11. 繊維類の農業分野への利用 ……………………………………………… 103
12. 捨てられる地域の材料から新しい商品提案 …………………………… 105
　　参考3.6 植物工場野菜 ……………………………………………………… 106
　　参考3.7 食品の三次機能 …………………………………………………… 107

第Ⅳ章　未利用資源を使う－地域資源　貝化石，カキ殻およびFA …… 108

 1. 貝化石（肥料）の産状と性質，肥効 …………………………………… 108
 2. 芝に対する貝化石肥料の効果について ………………………………… 110
 3. 能登半島のカキ殻より新しい肥料 ……………………………………… 111
　　参考4.1 動物の殻類の化学成分 ………………………………………… 112
 4. 七尾西湾カキ殻肥料のコシヒカリに対する効果 ……………………… 113
　　　休憩　－青いバラ－ ……………………………………………………… 114
 5. 見直される珪藻土資源 …………………………………………………… 115
 6. 珪藻土の農業用資材への応用 …………………………………………… 117
 7. 石炭灰（FA）の農業利用，FAの性質，野菜に対するFAの肥培効果について
 　　……………………………………………………………………………… 123
　　　コラム4.1 環境を利用した逸品づくり ……………………………… 127
 8. キュウリへの肥効 ………………………………………………………… 128
 9. ハクサイに対するFA，カキ鉄の効果 ………………………………… 130
10. コシヒカリに対するケイ酸質資材（FAなど）の効果 ……………… 130
11. 機能水と農薬や化学肥料の節減 ………………………………………… 133
12. いらかの波を緑につなぐ ………………………………………………… 134

参考4.2 悲惨な被害－原因のカドミウム検出－ ……………………… 136

第Ⅴ章　沙漠などの緑化と食料生産へ ……………………… 137
1. ゴビ砂漠で「あきたこまち」実る ……………………… 137
2. ゴビ砂漠にコシヒカリ ……………………… 139
3. 能登半島に沙漠がやってきた ……………………… 141
4. 沙漠緑化の遠山正瑛先生 ……………………… 143
5. 日中技術協力，友好に高い柵は不要 ……………………… 145
6. 沙漠でイネを育てる砂漠緑化に新施肥法開発 ……………………… 147
　　参考5.1 鉄欠乏耐性イネの誕生 ……………………… 149
7. 乾燥地土壌における有機物の分解 ……………………… 150
8. 汚染土壌の浄化，鉱物化事例 ……………………… 152
9. ファイトレメデイエーション ……………………… 153
　　参考5.2 九谷焼・陶石とセリサイト（絹雲母）……………………… 154
　　参考5.3 イ病と闘い続けた半生…萩野医師 ……………………… 155
　　コラム5.1 「環境と人間」……………………… 155

第Ⅵ章　明るい農業生産環境を－政策提言－ ……………………… 157
1. 農業に未来はある ……………………… 157
2. 豊かな土と心をつくるアグリ・環境博の開催を ……………………… 165
3. 地域産業の後継者をどう育てる ……………………… 168
4. 需要多き安全な食料生産 ……………………… 171
5. 新技術転移で元気な農村を再び ……………………… 173
6. 土の骨と肉の補修 ……………………… 175
7. 農業技術転移－2007年から2008年へ－ ……………………… 177
　　参考6.1 バイオマスエネルギーの利用 ……………………… 179

応用科学としての農学…あとがきに代えて ……………………… 180

資料
1. 地域資源を活かした実践的な生産環境維持技術の研究と啓蒙 ……………………… 184
2. 能登半島地震と農業被災 ……………………… 193
3. 世界におけるコメ，コムギ，コーンおよびダイズの生産量 ……………………… 200

4. 世界におけるコメ,コムギ,コーンおよびダイズの価格 ………… 201
5. 生物農薬の分類 ……………………………………………………… 202
6. 抗酸化物質が含まれる代表的食品 ………………………………… 203
7. 主なバイオマス利用の種類と課題 ………………………………… 204
8. 作物別・土壌別の下水汚泥コンポスト施用基準一覧 …………… 206
9. 援農が支える千枚田 ………………………………………………… 207
10. 生ごみ変身"スーパー肥料" ……………………………………… 208
11. カキ殻肥料植物のガンに効く ……………………………………… 209
12. 石炭灰で土壌改良 …………………………………………………… 210
13. 廃棄瓦粉末の利用例 ………………………………………………… 211

索引 ……………………………………………………………………… 213

技術資料

第1章 総論
－地域資源を活かした環境維持－

1.1 文明を問う
－土地の持つ価値の再認識を－

　現在我が国では，金さえ払えば豊かな食生活が保証される．この食事の材料である米や野菜，果物は土壌から，肉や乳製品も草を食べる動物から，魚は水中の岩礁や森かげなどで産卵し，成魚となって捕れる．いずれにしても植物，更には根を支える地殻表面の土が我々の口を支えているわけだ．「ただほど高くつくものはない」とは周知の言葉だが，我々は空気と同じように土をただのように考え，扱ってはいないだろうか．

　フロンガスで破壊されたオゾン層と同じように，土も破壊されると，その修復には莫大な費用が必要だと考えられている．土に代わりはない．土は岩石が風化してできたものであり，地殻の表面を平均1m弱の厚さで薄く覆っている．また地球儀や世界地図からわかるとおり，現状で農耕地として食料の生産に役立つ土地は全陸地の約1割程度と少ない（口絵1）．

　このように土はダイヤや石油に勝るとも劣らない人類や生物共有の資源・財産なのだ．しかし現実は食生活のおごりに見られるように，あまりにも政治的に人類の合意もなく不公平に使用されている．

　少なくとも耕地として利用できる土は，①物理的に平面で，保水体や根の支持体として，②化学的に植物へ栄養分を供給し，炭水化物・タンパク質・脂肪・ミネラル分などを含む有機物の生産，③動植物の死体や枯死残渣，落葉などの土壌微生物による分解，土壌化，天然の資源リサイクル利用，地表から地下への浸透水浄化など，人類にとってかけがえのない多数の機能

(2)　第Ⅰ章　総　論－地域資源を活かした環境維持－

図1.1　日本の農業は食糧確保，環境の維持，産業・文化の発展へ礎となってきた．コシヒカリの刈取り（富山県小矢部市長：2006年9月）．

を有している．
　ハイテク，オートメーション，バイオテクノロジーなどにより，今日何ごともできるという，一見科学技術万能の考えがある．しかし土のように多様で，総合的かつ環境に調和する機能を保持した機械を，人類はいまだ人工的に作り得ない．今後も土の科学的解明の現状からみて，早期の人工土壌出現は難しいと考えられる．
　限りある土を，これが保持する機能の正しい評価ではなく，当座の相対的な地面の地理的，交通利便性から評価している例が多い．
　駐車場，道路，ごみ捨て場，安易な構造物の更新用地などと，単にその平面的利用のために消滅し続ける現状は，他方でおいしさを求める行為とあまりにも相反することで，強く反省が求められよう．
　たとえば北陸4県で最近1年間に，農地が農業以外の利用目的に転用された面積は，全耕地の約1%，4,000 haの広さ．これはほぼ松任市の農地全部に相当するまでになっているのだ．

【北陸中日新聞1994年4月5日朝刊に概要掲載】

1.2　『環境にやさしい農業』
　　－環境保全型農業していますか－

(1) 変わる農業現場

1）優良農地の転用，減少
　産業の発展に伴い農用地の転用と耕地面積の減少が止まらない．農業に立地上都合のよいところは一般に他の産業にも好都合のところが多い．都

市近郊野菜畑が次々大型商業施設などへ転用されるのはその典型と言える.

2）放棄, 荒廃田の増加と過疎化の進行

里山や山間の入合地に多く見られる2〜3年以上水田のイネ栽培がされず雑草が繁茂する田の増加は, 人手不足の裏返しで当該地域では絶対数, 農業に係る人の少ないことを示している. ちなみに3〜4年水田を耕作放棄すると再び水田に復元するには開拓と同じような労力と経費がかかると言われる.

3）地力低下の進行－豆腐にならない大豆－

現在約30％の水田が転換畑として利用ないし休耕されている. 畑へ転換したところでは麦や大豆が北陸地域では栽培されている. ここでは, 近年大豆の収量低下が大きな問題となって

図1.2 排水路にヨシが生える重粘な湿田地帯も, 地価の相対的な安さから盛土宅地化, 転用が進み水田が減る（石川県河北部津幡町：1999年6月）.

図1.3 石川・富山・県境の棚田
上部の草が茂っているところ約1haは3年前まで稲が栽培されていたが, 耕作放棄された（石川県河北郡津幡町九折：2006年9月）.

いる. かつて10a当たり300kgの収量レベルであったところが, 100kg付近に低下し, かつ一等粒比率が50％を割込んでいる. また, この大豆を消費する豆腐業者では従来の作り方では, 豆腐ができないと言う. 充実した粒が少ないこと, しわのある粒が多く見られることなど品質低下を物語っている. ちなみに, 大麦の収量や表作の米収量レベルも相対的に高くなく, 土壌の体力減退, 理化学性の劣化がはっきり進行していることがわかる. 当

然具体的対策が求められている.

4）後継者の不足

　農村地域における農業をする，手伝う人の不足は北陸地域どこでも変わりなく，個人営農や集落営農などの形態を問わず重要な解決すべき心配事である．背景は言うまでもなく，出生率1.3に象徴される子供の少ないことと，都市部への移動などによる．また，根本的には「こんなに農業をまじめにやっていても報われないのなら」という農業政策に対する期待絶望の面も一部にある．

5）上述した村の人減少に伴って子供の声が少なくなったことが気がかりです

　小中学校がガラガラに空いて来たという現実は，20〜30年後の農村地域を誰が支えるだろうかという危惧につながります．立派な3階建校舎に生徒11人程という河北郡津幡町河合谷小学校などはこの典型でしょう（図1.4）．

6）遠いところから（？）現場へ指導が来る

　現場，農山村地域の状況とややミスマッチで，よく適合しない行政の展開，進行が時に見られることも心配．たとえば，米の生産についてみると6割を占める兼業農家で，総生産の4割を確保しているが今，農政的に提示されている4ha以上の稲作農家か，20ha以上の集落営農でないと今後補助は受けれないとの線引きをすると，かなり落ちこぼれが出，これらをどう扱うか，支援するかが問題とされる．きめ細かな対応が求められる．

(2) 自給率アップ 40→45% が掲げられるが

　現在国内の食料自給率を45%に上げる目標が出されている．

1）現在の状況をみると現状のままではかなりハードルが高いとされる

　すなわち，『誰がするのか』の疑問が投げかけられる．これは，既述の汗をかく人，農業現場の人減少が懸念される．

2）技術や肥料，資材などのサービス，普及体制の合理化，減少と外国からの輸入依存への移行

　相対的に農業部門が儲からなくなったという判断から肥料，農薬，農機関連技術，普及，サービス機関，人員の再編，縮小が地域的に進行している．

また，肥料などの資材も主要なものは外国からの輸入品に依存しつつあり，地域産肥料メーカーの生産量にも影響している．ちなみに，熔成リン肥は近く国産はなくなる（現在8万t生産，輸入8万t）．

3）石油資源の高騰による影響の危惧

　油代が高くなるとエンジンで動く農業機械に影響する他，尿素などの単肥や複合肥料等の化学肥料価格に直接響く．省エネルギーの観点から今後ますます減肥や施肥効率を向上させる栽培管理技術，農業様式が求められる．

　すなわち，耕しやすい耕地，農機の油消費が少なくてすむ土壌，作物の根が伸びやすい土，まさに環境保全型の農業基盤の創出，維持が今後求められることになる．

4）国内の水田は180万haあればよい？

　現在年間数十万t以上の輸入米を我が国は外国から毎年入れる約束を対外的にしている（2002年には，88万tのミニマムアクセス米輸入）．したがって，米の消費量をみれば，自給するには10a当たり500kgの収量では，約180万haの水田があれば900万tの米が確保でき，食べてまだ余る．輸入米と100万tの備蓄米は日本国民の保険米とする．残りの水田は飼料イネ，輸出米，バイオエネルギー原料や他作物への利用などが図られることが望ましい．ちなみに，国内の水田は約260万ha，1人当たり米消費量は年間64.6kgであり，2004年には170万ha作付けされ，米が870万t収穫された．90万haの余裕な水田機能は，優良な食料生産資源，財産として維持するのが望ましい．

(3) 水田や畑の生産基盤をどう維持してゆく

1）当面，実践の中で少しずつ改良してゆくこと

　これが第一で理屈はあとからついてくる．

2）地力の維持，増強の問題解決へ

　農耕地土壌の物理性，化学性を改良することは農業生産上必須のことで通気，透水性，肥沃度の維持は常時継続する．このためには，土の骨と肉として機能する客土やケイ酸質資材，有機物の適正な施用が望まれる．刈草，

落葉,廃木質や竹の繊維,転作草のすきこみ,生ごみ,畜糞堆肥,農村集落下水汚泥他.依然としてこれらを施用した場合には,コストがかかるので,この費用を誰が(生産者,流通,消費者のうち)どの割合で負担するか解決がいる.

3) 水田の方が耕地を維持しやすい

安心な低農薬米づくりにも貢献するため,休耕は自主選択とし,全面有機低農薬,栽培ならイネ作付け自由とする.まさに環境にやさしい有機栽培の推進も選択肢の1つ.

4) 農法,特に施肥法の選択と指導

農作業による人為的な用排水への環境汚染,汚濁を防ぐ発生源の対策としては,①過剰施肥をしないため対象作物が必要とする肥料成分量,施肥効率の吟味,②局所施肥,③被覆緩効性肥料の使用などの配慮が必要である.ちなみに,筆者らはこの③にからんで河北潟沿岸水田で,育苗箱苗播種時「苗箱まかせ」N400-120を箱当たり1kg,田植え当日にハイパーCDU(細粒)-2を同じく100g施用のみで10a当たり600〜750kgのコシヒカリ収量を観察している.

図1.4 過疎化が進行する国道471号線沿いの里山地帯.かつての河合谷小学校校舎は全村断酒で建てられた.全国的に有名な教育熱心な土地柄.現在校舎(写真中央)は過疎,少子化から2008年3月末日で閉校した.将来の地域農業を支える人々が危惧される(石川県津幡町下河合:2006年2月).

図1.5 環境保全型農業の推進が先行する鹿児島県.県議会議員(環境保全型農業推進議員連盟)およびWSAAの方々が現場の農業,土づくりを広く研修している(鹿児島県指宿市:2005年11月).

表1.1 環境の保全と肥効調節を配慮したコシヒカリの栽培法比較試験結果

試験区処理	最大草 (cm)	全重 (g)	株当たり穂数	一穂着粒数	登熟歩合 (%)	精玄米 1,000粒重 (g)	株当たり精玄米収量 (g)
金沢市才田，客土田「苗箱まかせ」1kg/箱床土与作＋元肥 Pkマグ施用	106	27	21	97.0	89.8	22.4	40.9
金沢市才田，未客土田「苗箱まかせ」1kg/箱（9.6kgN/10a相当）床土与作	106	150	23	98.7	92.7	22.8	48.5

	精玄米収量 (kg/10a)	玄米中窒素含有率 (%)	玄米窒素含有量 (kg/10a)	玄米中タンパク質含有率 (%)	わら重 (kg/10a)	わら中窒素含有率 (%)	わら窒素含有量 (kg/10a)	イネ窒素吸収量 (kg/10a)
金沢市才田，客土田「苗箱まかせ」1kg/箱床土与作＋元肥 Pkマグ施用	632	1.15	7.26	6.6	679	0.55	3.76	11.02
金沢市才田，未客土田「苗箱まかせ」1kg/箱（9.6kgN/10a相当）床土与作	750	1.13	9.97	7.5	726	0.52	3.80	13.77

5）安全，安心な食料，その生産を支える人，援農の確保へ．新幹線で援農を！－(例)首都圏2,000万人中の潜在的援農シンパの受け入れ環境整備－

既述のように地域の里山や半島地域は援農が久しく望まれる状況であるが，現実は具体的対策樹立がなかなか進まない．農作業や介護支援作業が持つ農業や介護の教育効果を再認識し，学校教育はもちろん社会人教育にも広く利用してもらうため，援農しやすい交通アクセス整備，受け入れ体制の検討などをすすめる．

たとえば，加越能空港（空の港，小松，能登，富山）は整備されたが，里山や山間の援農必要地域で『人が必要だ』と来る人に緊張感をいだかせる所での北陸新幹線加越能駅等の設置が望まれる．能登半島の中，奥へ通じる国道471号と北陸線がクロスする富山，石川県境付近．類似の駅設置で

地域の衰退防止，活性化につながっているところは，上越新幹線の浦佐駅や東北新幹線岩手県南の各駅など例は多い．具体的には米2～3俵のコストで援農者が来てもらえる受け入れ，研修（指導）体制の整備も大切となる．

6）農業，実習教育の力と再評価

　癒しの力，弱者をいたわる教育の効果．かつて遠山敦子文部科学大臣は「どろぼうをしない，うそをつかない，相手の立場を尊重する．」この3つを守れば現行犯罪の6～7割は消滅すると述べられた．ここで，3番目の尊重には，農業の体験学習が一番効果がある．まさに，「農業者の立場を尊重する」消費者，国民，政治の創出と啓蒙へ援農体験を利用する．これは，今日的問題の根幹「自分さえよければよい」との行動を反省する格好の学習ともなる．

　このように援農，アクセス整備，少子化で空いた学校施設の利用，農林業体験学習（…大学生などでは成績評価も可），有機栽培，見える安心な食材をつくる，地域との交流，元気付けなどの多様な結合は関心を持つ人々の思いを集めて当該地域の発展につながる．

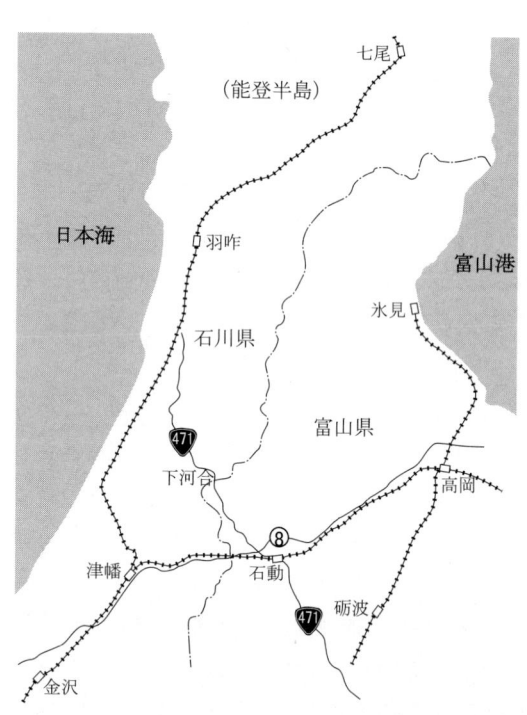

図1.6　加越の県境付近略図．

(4) 環境にやさしい農業で生きられるように，原点回帰を試みる

　農業やコメづくりが地域でどう発達してきたかを今一度世界的な視野で反省することは，まわりの環境や資源をどのように利用し，生活するかを再び考える視点で役に立つ．すなわち，土地利用法（何を栽培するかなど），肥料の改良，農具の発達，作業の改良他．ここでは，例として沙漠でイネを植えることの中から考えていただくために，現地の例をスライドで紹介する．

　御紹介の中から少なくとも身の丈に合った活動，地力すなわち土壌の生産力に合った生産技術，農業の選択，生活の方向を考える材料が得られるものと思います．ちなみに，バイオマスの利用は，地域活性化や循環型の持続可能な社会づくりの一手段である（口絵2）．

【2006年2月22日北陸農政局で話した内容．農業および園芸83巻4号443－447（2008）掲載】

1.3 健康な土に学ぶ
－短い柵があるとそこが制限因子・・・ドベネックの要素樽－

(1) おじいちゃんやおばあちゃんが頑張る里山

　現在，米や大豆の国際価格は1t約300ドル，約3万円である．1kg 30円だから国内の10分の1以下．日本の農業産品が相対的に高いことがよくわかる．当然のことながら10倍以上の価格差なら日本国内で米や大豆を栽培するのはやめ，100円ショップ並みに輸入したらという考えが出て来る．しかし，このように現実にならないのは，日本の農村状況，政治，食の安全を保ち，基本食糧は自国で確保するなどの理由による．当然日本国内の米や大豆の生産を支えるため税の投入が行なわれていることになる．ちなみに，米は約700％の関税が掛かっているので，結果的に外米の恒常的輸入は抑えられている．しかし，周知のように関税障壁が外されるように将来

的になれば状況の著しい変化も想定される．このような国際的情況は他の主要穀物の大麦，小麦，トウモロコシなども似ている．世界的に食事の欧米風化等の影響，肉食増加などにより飼料としてのトウモロコシや麦，大豆の消費が増え，片や米消費量の減少が予想以上に速く進んでいることが報告されている．台湾では最盛期に比べて国民1人当たり米消費量が3分の1，約50 kg/年に減ったと報告されている．人口減が予想される地域では，直接一次産業において何を今後栽培するかは重要な課題となってくる．田畑に元気な老いたおじいちゃんやおばあちゃんが働き，経済不利地域と見られる日本の耕地環境を結果的に維持されていることは，近い将来のありようの一端を示唆するものである．なお，世界の主要穀物生産量は，トウモロコシ7億 t，米4億 t，小麦6億 t，大豆2億 t である．

(2) 米粒が小さい－現場の生産量減少に見られる側面－

通常，物には常識的，一般的な大きさがある．たとえば，今まで米なら1,000粒重を g で示し21～22 g，大豆なら100粒重30 g が地域的に知られていた．しかし，既述のように大豆では23～24 g などと著しく小さいものの出現が問題化しており，また，米でも21 g やそれ以下の小粒が多く混じるところが多くなったことなどが話されている．これらは，周知のようによく実らなかったことや作物体が小さくなったこと，イネの場合は倒伏回避のために窒素施用量などの施肥量抑制減少，収量より作業性や品質重視化などの影響が強いとみられる．

図1.7 見事なカジュマル．植物はまず根が伸びないと，地上部の成長が確保されない．さんご由来の石灰岩上で耕土に地中広く伸びた根が校庭いっぱいの大きな枝葉を支える（鹿児島県大島郡沖ノ永良部国頭小学校：2007年2月）．

ちなみに，大豆は現在国内では水田転換畑で主に栽培されている．大豆はマメ科でイネよりやや塩基性の高いpHが中性により近い弱酸性の土壌で，根粒菌の活動を伴なってよく生育する．したがって，土壌酸性に強い水稲とやや望ましい栽培条件が異なる．そのため，一定の目標収量を掲げた大豆の生育を確保するには，土壌pHを高めるためのカルシウムやマグネシウムなど

図1.8 耕すと土の粒径が小さくなり粗大なものの割合が少なくなる．左は開拓後7年経過，右は隣接の未耕地山地表土（山口県豊北町国営開拓畑）．

の塩基性成分を含む肥料資材はもちろん土壌微生物の活性化，肥沃度を高めるための窒素成分，有機物（堆肥）の施用も当然維持されることが望ましい．しかし，水稲に対する全国的なケイ酸資材施用量の減少，現在最盛期の5分の1～6分の1（現在約30万t弱）に象徴される状況は水田土壌，大豆が栽培される水田転換畑の肥沃度が必ずしも高くないこと，留意すべきことを間接的に物語るものである．耕地土壌への養分，エサを与えず，収穫（収奪）だけが続けば土がやせ細るのは誰でも容易に推量できることである．米や大豆の小粒化と低収量化は連動していると見てよい．

(3) 土の骨格補強と耕地の高度利用

このような土壌肥沃度の骨格に関わるケイ酸やカルシウムなどの塩基性成分，腐植，有機物の減少を防ぎ，富化を図るには，このようになった原因と対策への配慮が必須である．すでに述べたような労力不足，老齢化，後継者不足，輸入品の圧力，人口減，消費量（食べる量）の減少，需要を越える供給，安さ，国内で再生産が確保できないなどを考えると幅広い総合的な対策が求められる．

骨格の補強．細る耕地土壌の肥沃度補強，維持は食料，農業生産環境維持上，国を問わず重要な地球的課題である．

日本では石灰岩，貝（カキや二枚貝），骨の利用でカルシウムなどが．硅石，石炭灰，鉱滓の利用や良質粘土の客土でケイ酸などが土壌へ補える．また，土の肉ともなる腐植有機物は，年間排出される家畜排泄物9,100万t，生ごみ，食品廃棄物2,000万t（内生ごみ400万t），廃材木質系3,750万t，農村集落下水道排水汚泥62万t，下水汚泥7,300万tで計2億2,212万tもの廃棄有機物を有効利用することが望まれる．窒素1％と仮にみても約222万t以上の有機性窒素肥料に相当する．ちなみに，現在国内で使用されている窒素肥料のうち化学肥料形態のものが約数十万tだからこの量の大きさがわかる．排出される有機物を環境へ捨てられないように有効利用し，最終土壌分解を促し食料生産と緑化，温暖化防止に役立てることの重要性は言うまでもない．

ちなみに，公害には国境はないが，産業発展が著しい中国揚子江流域の発展は同江の富栄養化をもたらし河口沿岸でエチゼンクラゲの大量発生を促し，これが世界漁獲量のうち3分の1を食べる同国沿岸漁業に影響を及ぼし，さらに，日本海沿岸まで漁獲量減少の形でその被害が拡大していることが報告されている．

土が補強されればその物理性，化学性および生物性が改善されるので，土は団粒構造化し，通気透水性，pHの改良，養分富化，養分の緩効的放出など生育する植物，作物の土壌圏肥沃度が上がり収量増と品質向上に貢献する．もちろん土壌の能力，生産性が高まるので単作だけでなく，水田－大豆，水田－畑作，トウモロコシなどの飼料作，麦作他高度利用が可能となり，地域の土地利用率向上と収入増へつながる（口絵5）．

中西準子氏他が汚染，汚濁公害防止の学術的先達が指摘するまでもなく，いらなくなった廃棄物をできるだけ出る地点で地域の耕地，土壌（土のダム）あるいは環境（保全）緑地（緑のダム）山地土壌で利用するのが望ましい．

周知のように生物性有機物はその由来から植物が生育に必要とする16の養分C, H, O, N, P, K, Ca, Mg, S, Fe, Cu, Zn, Mn, Mo, B, Clを通常含んでいる．一般にこれら成分の1つでも欠ければ他成分がどれ

だけ豊富にあっても，この成分欠乏（短い柵）が制限因子となって植物の十分な生育は確保されない．温度や水，光などの要因因子を含めて「ドベネックの要素樽」と言われる．これらの成分を無機質の化学肥料や資材で個々の植物，作物の十分な成長に必要な量をバランスよく供給するのは通常努力を要するが，堆肥の形で施すと無難なのは主に緩衝能が大きいことに由来する．

【2006年1月27日金沢郵便貯金会館にて話す】

1.4 イネを冷害から守った土
－深く根を張らせた団粒構造－

　3月から石川県内でも外国産米の本格的な販売がスタートした．各米穀店やスーパーでは国産米を求めて列を作るという現象さえ起こり，日本のコメを取り巻く情勢は一変している．コメの輸入は外圧による要因も大きいが，ここで私はそもそも今日のコメ不足を招来させた冷害についてもう一度振り返り，問題想起を試みたい．

　平成5年10月中旬，100年に一度あるか否かと言われる冷害を受けた東北地方の水稲栽培地帯を見た．岩手県南部の平泉に近い衣川村と福島県南部で，阿武隈と八溝の両山地間の塙町はいずれも標高100～200m程度の段丘地である（口絵6）．

　両地区において辺りの稲はほとんどが青立ちで籾をつけていなかった．つけていても穂イモチ病か極端に籾の数が少ない，不稔の穂が大部分であった．そんななかで，見るからに穂が垂れ，登熟の色が美しい何枚かの水田が見られた．衣川村はひとめぼれ，塙町ではコシヒカリ栽培田で，土壌は火山灰土壌や火成岩風化の洪積土壌であった．この田のイネを両手で抜き取ると，抵抗が大きく，根が株元から土中深くへ，放射状によく伸長していた．さらによく見ると土の物理性は粒状の団粒構造を呈していた．それに対し冷害が著しいイネは根の伸びる根圏がせまく，気温低下の影響を受けやすい構造になっていた．

　土壌が団粒構造であると，植物が吸える水分や養分の保持能力が高く，植

物栽培上，非常に好ましい．冷害の中で，稔実のよかったイネは，地中深く根を張り，気温の変化に対応し，土壌中の養分が有効に根へ移行した．そして茎や穂が確保され，穂は短いものの，籾はほぼ100％稔った．

今まで冷害対策として田に水を深く入れ，茎の中の幼穂を冷害から守る深水管理が広く言われてきた．しかし現地の観察からみると，深水管理の他に土壌が団粒構造であることが，気象的なストレスに対して非常に強いことがわかった．

大豆栽培の効果

このことは次の事実でも裏付けされる．北陸地方で前年大豆を栽培し翌年（平成5年）還元水田としてイネを栽培した田の根張りを，隣接のイネ連作田と比較したところ，前者がよかった．水田に大豆を栽培すると根粒菌により土壌が著しく団粒化する．

また岩手県雫石町では冷害が大きかった1枚の田で，1区画のみイネの稔りが非常によかったとされ，そこは前年まで牧草を栽培しており，平成5年度に水田へ転換し，イネを栽培した部分であった．これも深水管理に加えて牧草の作付けにより，土壌が団粒化し，冷害が減ったわけだ．

このように土壌の性質が良好であれば，イネは環境ストレスに強いことがわかる．

土壌が自然に団粒化するには有機物や塩基性成分などが補われ，微生物の繁殖が確保されないとできない．

投資効率第一の考えから，農業の面においても作業効率優先の発想が著しい．しかし自然環境の力に頼る生物生産系が，大型農作業機械の導入や無機質肥料主体の化学資材の連用などにより，土壌の性質を弱めれば，稲作の場合，米収穫量は限りなく減少し，食料不足の危惧へつながる．平成5年の冷害を高度技術社会における自然環境，土と人間の関係を反省する機会に捕らえてほしい．

【北國新聞1994年3月14日朝刊に掲載】

1.5 コメ凶作は人為的要因

　平成5年の東日本を襲った低温と長雨は，結果的に日本農業の生産基盤が危険な状況にあることを，国の内外に知らせた．報道された一面では「異常気象による一過性の米凶作である」との認識がある．しかし筆者らが東北，北陸の稲作地帯を観察したところ，冷害を拡大させた要因が他に潜在することがわかった．

　凶作の直接的原因は，冷夏，低温（日照不足），多雨，イモチ病等による生育遅延，出穂障害，病害被害である．しかし今日の農業，稲作技術では，条件が整備されておればかなり減収割合を軽くできたと考えられる．事実，東北の各地で平年に比べさほど減収しなかったイネの存在した所があった．このことは人為的要因が災害を大きくしたことを物語っている．

　主な要因は次の3つである．①耕地環境の悪化，②土壌の不良化，③物，心の不足．この3点を説明し，対策確立へ広く国民的英知と協力をお願いしたい．

（1）耕地の環境が悪化

　イネは湛水した耕地に生育する．用水が確保できるような水量，導水路があり，畦が水漏れしないような維持・管理が必要である．現に深く水をたたえ，イネの幼穂を冷たい外気から守れた水田は，明らかに減収割合が少なく冷害の被災は少なかった．また水が漏れると肥料や除草剤の効果も劣る．しかし農村での労力不足から用・排水路の維持や畦・田周囲の草取り管理ができず，米減収に影響した．

（2）土壌の不良化が進行

　米の減収を免れた水田の大半は，土壌の性質が優れていた．すなわち土層が厚く孔隙が多くて水はけがよく有効水分の保水量が多いという物理性，窒素やリン酸，ケイ酸，カルシウムなど養分が豊富で土壌が中性に近い化学性，わらや根株，肥料を分解する微生物の種類と量が多い生物性——が優

っていた．これらが化学肥料の連用や酸性雨，大型農機の使用，有機物施用の減少などで不良化し，被災も大きくなった．

(3) 物と配慮の不足

　国内で約400万戸の農家がある中で，新たに農業に就く学校卒業者もわずか1,700人程度．1,000戸に2人である．農業を支える後継者が補充されず，労力・人の不足がわかる．さらに土壌から失われた養分の補給に欠け，また土の生産力を維持し，品質のよい物を求める投資と配慮にも欠けている．

　こう見て来ると，農村や食糧生産環境の実態をつかみ，国民の健康を確保するにはどんな農業生産環境を維持すべきなのか．この点がまさに問題となっている．

【北陸中日新聞1994年1月5日朝刊に概要掲載】

1.6 撫育を培う千枚田の田植え

(1) 援 農

　生産者米価低迷に象徴される農業現場の元気なさ，「援農は教育に値しない」などと言う異常さも漂う高等教育機関もある中，過日輪島の千枚田では，約400名の援農により田植えが，雨のすき間になされた．筆者の大学からも教員・学生25名が手弁当で朝6時に出発，9時からの作業に加わった．市長，農協長挨拶の後地元区長が，苗を植える田の目印（ころがしの跡）や稚苗の植え方等を話され，国道下海側の棚田で田植えが行われ，大勢の協力で11時すぎ頃には大方終了した．田植え後，学生らは地元で長く棚田の環境維持と農林業に努力されてきた篤農H氏の話をお宅で聞いた．出稼ぎ，牛のきゅう肥を田に入れる，米価の値下り，収入減，勤め（兼業）がないと地域で生きられない．棚田を囲む山地も樹齢100年の杉が1本，持ち主に1万円しか入らない木材の低価格，沿岸の漁穫獲量も減ったなど農林水産現場の現実を約80年に及ぶ体験から迫力感の中で聞いた．

(2) 棚田保全の大切さ

援農作業体験をした学生の感想は，①厳しい地形のところでもイネが育つのか，②こんなところでもイネを作らないといけないの？，③全てが人力作業，ボランティアの人がいないとできない，④米の生産される原点がわかる，⑤消費者に米の有り難さを伝えてあげたい，⑥ご飯を残し，捨てることなどは今後慎しむなど．食料生産と環境保全の大切さ，努力と経済不利な地域に生活することの背景などを広く考えさせるきっかけとなり，勉学刺激の他，田植え援農行事に関わる市，JA，団体等の現場活動を見て，短期職業体験ともなった．

1枚の田が10数株という座布団大のものを含め，約800枚，1ha弱の輪島千枚田が維持されるわけは，おいしい米がとれる．作付けしないと地辷り，崖の崩落などの防災．集落維持，美しい景観保持などが主である．

(3) 撫でて育てられる

機械化，省力化第一，効率優先の現在，知育，徳育，体育に先んじて，大切な食べることで育てる食育の土台，生産現場を援農体験することは土と水，イネに直接手足で触れる（撫育）生きた教育の原点でもある．地域の土と用水，作物，木々の恵み，資源環境の中で我々は生活している．そこの一部が過疎や人手不足で営みが維持できないとすればタイムリーな援農で支えることも選択肢である．

援農実践の継続が全国への「輪島の千枚田」，能登半島観光発信にもなる．ちなみに，歴代の総理で初めて千枚田視察（5/20予定）というのも地道な地域における棚田保全活動と教育効果の結果とも言える．

【2006年6月6日の北國新聞，富山新聞朝刊文化欄に掲載】

1.7 地域農業
－2006から2007へ－

(1) 農村におけるさわやかな風どこ

北陸地域の稲作は今年，大きな災害も受けずほぼ平年作であった．しかし，農業とりわけ地域農業の基幹である稲作の環境は厳しい．たとえば，①一時に比べて約30％安い米価と価格低迷の長期化，②米需要消費の回復がみられないこと．③農産品の輸入が増加傾向…米は国内の減反，過剰在庫に関係なく毎年外米を数十万t輸入することを日本は対外的に約束している．

図1.9 昭和40～50年代にかけ能登半島の林地を拓き約3,000haの畑が造成されたが，加齢化，労働力不足，肥沃度維持不可能などの理由から放棄，林地に戻る結果が多くみられる．畑あと地（石川県鳳至郡能登町中斎：2007年）．

④ごはんのおいしさ，味第一の消費傾向からコシヒカリの作付け面積が地域によっては7～8割となり，農作業期間と量の分散に支障．⑤部落内における農作業従事者の高齢化と適齢期結婚者の減少，少子化などにより，農作業をする人，手伝う人の絶対数が減る危機的状況．⑥さらに⑤に関連して農地を預けたり，作業委託に出す農家が増えると，農作業や農地の管理，農業全般に関わる物事への関心が薄くなり，当面「食べられさえすれば良い」と地域農業維持への支援者が減少などである．

(2) 転作大豆の小粒化と地力の衰え

稲作農家の場合，農林水産省の調査では，1～2ha栽培規模で10a当たり12万円，0.5～1haで14万円の生産経費がいるとされている．地域で収穫

される米収量は10a当たり480 kg（11.2万円）～540 kg（12.6万円）なので，数字的には大部分の農家が赤字である．ただし，自家労働経費をただと見なせば約5万円残る．したがって，地域の農家が農村に居住できるのは稲作以外の収入，主に勤務，農外収入により財産維持に努力していることによる．

「農では儲からない」ことは農地の肥沃度維持にも影響し，これがイネのあとに作られる転作大豆の姿にも現れている．草丈が短く，小粒で収量が少ない．かつて100粒重は約30 gであったが，現在23～24 gと約20 %小粒化しているところが多い．

これは農業生産基盤，土壌の体力，すなわち土の骨と肉が長年の土壌軽視，化学肥料依存のために，肥沃度が低下しつつあることを物語っている．

土の骨はケイ酸，アルミナや鉄など，肉（土の）は腐植，有機物（堆肥成分）などである．

耕地の生産力増強が尊重された昭和50年代に比べて近年は久しく，これらの成分，含有資材の施用が手薄となっている．このことを物言わぬ水田の土は農業者に，大豆減収の姿で伝えている．できれば地域にあるものの利用で衰える土を補修できたらよい．幸にもエネルギー確保のために輸入される石炭由来の未燃焼灰（FA）は北陸地域で約50万t年間出る．主成分はケイ酸，アルミナで一部鉄などミネラル分も含む．また，畜糞や廃木材，間伐材，生ごみなどの半ば未利用の生物性有機物は200万t弱に及び，多くが堆肥，肥料化が可能．いずれも衰弱する耕地の肥沃度回復と維持に地域で循環利用できる．ちなみに技術的には地域でどんな土壌には何をどれだけ選択的に還元施用するのが適当かを科学的に速く診断，指導する環境は整っている．

図1.10 改良され安全と作業性が増した農作業機械の操作は女性により依存する面が増えている．女性インストラクターの説明は分かりやすい（富山市：2006年6月）．

(3) これから，明るい展望

　昭和36年の農業基本法制定以降，総合農政，農業構造改善事業他40年余にわたって農業と他産業就労者の所得差を縮める努力は払われたが解消は難しく，今日に至っている．農村にいるよりも勤めに出た方が生活の安定が容易，兼業農家が比較的安心という地域的現状となった．

　今新たに進められる農政「食料，農業，農村基本計画」では，莫大な輸入農産物を国内の①土壌資源をいかしてどれだけ自給するか，②誰が，どんな組織，法人がこの自給生産の農作業活動を支えるか，③国家的にその生産基盤，環境を支える農業地帯をどう維持するのか等の目標を定めている．過去40年余にわたる農政の反省，教訓が今度こそ生かされることを望みたい．ところで，今後の地域農業は女性や加齢者の協力がなくては維持できない．これらの方でも安全，平易に農作業の機械操作ができる経済的な耕耘，田植え，収穫機が次々改良市販され，また環境保全を配慮した効果の高い肥料や資材の軽量化，さらには消費者の安心を求める声に対応して低毒性の農薬開発が進められている．これら関連の農業支援環境がさらに進化しつつあるのは，明るい光である．地域における国の農政不具合の点検，修理と改革，実践は地域に在住する関係者に委ねられている．

　　　　　　　　【概要は2007年1月17日付北日本新聞に掲載】

1.8 「効果あり」の一行追加に30年

(1) 海からの贈り物・貝化石

　この度，関係者の協力による地域産の天然資源「貝化石など」を用いた土の骨と肉づくり補強に関わる一連の研究に「日本土壌肥料学会技術賞」という栄誉を受けた．要は，北陸地域の耕地土壌が大陸からの酸性雨，もらい公害や長年，化学肥料の多投連用下で酸性化し，かつ腐植分が減少，やせつつある．これが，農産物の収量や品質の低下に影響している．

　この対策として地元の未利用資源の利用を広く実践的に示した．すなわ

ち，高岡から中能登にかけ約3億t埋蔵し，アルカリ性肥料に使える天然の海生貝化石や火力発電所の未燃焼物（石炭灰）を土の骨補強に使う．さらに，家畜糞や堤防刈草，廃木，間伐材，食品製造汚泥等を土の肉付けに利用を促し，耕地の肥沃化と生産環境の維持を科学的に信頼できる技術で実際に図るものである．

いずれも地域ではほとんど未利用，あるいは廃棄される資材とも言える．すなわち，貝化石は2,500万年前富山湾の隆起にともなって，貝の集積層が風化堆積し，炭酸カルシウムとケイ酸が主に含まれ，作物にゆっくり肥効を発現する．かつては，「しまる埋立て用土」として主に土木，建設用土であった（口絵9）．

(2) 生物性廃棄物を堆肥化，食育へ

他方，鶏糞や畜糞，樹皮に代表される生物性廃棄物は，北陸3県で約200万t弱（推定，窒素肥料成分で約2万t）にも及び合理的利用が久しく懸案とされてきた．

今まで行われてきた投棄，焼却，埋立てが環境保全上規制されるようになり，大量の場合には金を出して産廃処理するか，自己処理，再利用を行政上指導されている．糞，廃木などは幸にタンパク質，リグニン，セルロースなど窒素や炭素の化合物とミネラルを多く含むため，素材を粉砕繊維化し，米ぬか食品汚泥添加など微生物分解を促す堆肥化環境を確保すれば発生現地で有機質肥料が得られ，やせる地域土壌の肉，腐植の補強に役立つ．

ところで，周知のように豊かな食育と緑環境を支える健康な土づくりには，肥沃な土の維持が基本であり，この確保が農産品の産地間競争やコスト形成に，さらには地域の産業振興へ影響する．すなわち，同じ農作業をしても土がやせておれば収量や品質が劣り，収入に響く．また，現在市販肥料に占める原材料，商品の輸送費は約20％である．このように地域に出るものを近くの耕地に還元できれば肥料分利用，廃棄物消化，環境保全，静脈産業発展の点で利点が多い．すなわち，北陸の平野水田に貝化石を利用し，米質の向上を目指し，強酸性で粘質な能登半島や里山地域の畑地へ堆

肥を施し，熟畑化を図れば作業の軽減化や農産物の多収，品質の向上につながる．ちなみに，権威ある肥料学のテキストに「北陸の貝化石効果あり」の一行を加えていただき，全国の貝化石肥料需要4万t強の現状となるのに約30年の試験を要した（口絵3.4.7）．

【2006年9月28日の北国新聞朝刊文化欄に掲載，資料1参照】

1.9 環境保全型農業と草刈り・除草

一般に作物の収穫や成長を目指し，極力収量と品質を高めようとする場合には当該作物だけを残し，他の草が生えないか，生育が抑制されるように除草する必要がある．周知のように単に除草といっても何を育てるか，どう栽培管理するかによって作業の内容が異なる．基本的には，①根こそぎ，株ごと引き抜く．②雨や雪で表面の土壌が侵食を受けないように地際から一定の高さ（5～10 cm）で刈る．③草生栽培ができる程度の高さで刈る．の3つに分けられる．

除草手段・方法

（1）手抜き，手刈り
　　…鎌の併用，草刈り鎌など．
（2）平鍬などで表面削り，中耕除草
①機械刈り
　刈払い機，ハンマーモア，トラクタ装着草刈り機など
②立毛部焼却
　灯油火炎利用
③除草剤の使用

図1.11 食料生産と景観維持および抑草によく使われるソバ．これは水田転換畑（上越市）．

ⅰ）全植物を枯らすもの．
ⅱ）選択的に枯らすものなどあり．原則草刈後使用すると少量で長く効果が期待できる．
（3）被覆による物理的抑草，除草
　新聞紙や黒ポリエチレンフィルムなどによるカバー，堆肥などで覆う．新

聞紙は3〜4枚重ねると抑草効果がある．

　経費の関係上一般に刈取られた草は今まで近くに集積されるか，乾燥後焼却処分等されることが多かった．しかし，温暖化防止活動がらみで原則大規模な焼却処分は禁止されている．したがって刈取り後放置処理が最も労力等がかからず，行われている．

図1.12　小型自走式イナワラ巻取機による野菜用ワラの収集作業（金沢市才田水田）．

　草を利用するには敷草，飼料，堆肥化肥料など用途によって乾燥，異物混入，毒な草種の分別，堆肥化促進副資材の添加などそれぞれ配慮が必要となる．

　いわゆる雑草種子が本畑へ広がることを防ぐには草の種が稔る前に刈取ることが必要．また種子が入っている場合には65℃以上の堆肥化による熱処理などを受け，発芽しないように処置の工夫も望まれる．

　ススキ（カヤ），ヨシ，アシなど単子葉の大型雑草は相対的に分解しにくくケイ酸含有率も高いが，堆肥化して施用すればその持続的

図1.13　除草と施肥効率・保水のため畑作では広くマルチが使用されている．春・秋作2作連用が進んでいる（長野県真田町菅平）．

図1.14　水田あぜの浸食防止軽減と除草を兼ねて濃度をうすめてセメント資材を処理し省力化（上越市）．

効果が高い．ちなみに菊づくりの名人にはカヤブキ家のふきかえ廃がやを好んで堆肥化利用している人もみられる．

コラム 1.1　回転寿しの１個は500粒の米で

　現在全国に普及している回転寿しの運搬チェン（寿しコンベア）の開発製品化をされた石野邑一氏は，農具の改良が出発点であった．氏は当初，花壇や畑の手入れに使う移植ご手の改良をした．すなわち，プレスの技術を応用し握り手が木であったものを全部金属製にし，全購連（現全農）へ納めた．次に，本立てを１枚の木から製作した．また，米の計量ます「ライスボックス」を作った．さらに，卓上で定量の砂糖，塩などを出す装置を工夫して作り，これがラーメンチェーン店の社長に注目され，たれや水，茶などを定量出す装置の開発につながり，究極機械が運ぶ，コンベアの上に寿しが運ばれて来る現在のシステムの開発になったという．昭和46年（万博の年）から49年まで販促に励み，52年末には32店舗になった．2001年度には，337台に達した．ずっと欲張らず，身の丈に合った商売を続けて来たという．氏は，寿しについてご飯を酢にさす，すめし，押えめしで，海外から来たものでなく食品芸術「食芸」だと言われる．ちなみに，寿し１個は，米500粒を炊飯し20gに納まるように，ネタは全体の３分の２となるのがにぎり寿しの法則と説明された．また，男の人がにぎるのは，女の方は男に比べて握力が80％で少なく，体温が１℃高いからとされる．このように，日本の代表的食芸寿しは大衆的で，ビールや酒のつまみにもなる．シャリは機械屋が，ネタは土壌肥料屋他さんがつくるともみられる．氏は，詩情豊かな棚田につながるものを壊し，三方コンクリート護岸の川，現代化の美名のもとに破壊されてゆくこと，「建設」という名のもとに消えてゆく情況を心配される．事業の発展を見ながらもおぼろ月夜にかもし出される棚田，段々畑，流れの静かな川面，稲の架（はさ），等々日本的風情の保存に協力して行きたいと言う．【中部土壌肥料研究会：2002年10月10日（金沢）の特別講演より長谷川メモ】

参考 1.1　施された肥料の未利用分は環境への負荷に影響

　作物の種類ごとに施された肥料から出る無機態の窒素供給量と平均収量をあげたときの作物による窒素吸収量からその差を施肥による負荷（非吸収量）とみなすと，作物栽培による環境負荷の一端が推察される．ちなみに，チャや露地ナス，キュウリ栽培で負荷の大きいことが示されている．

表1.2 作物の種類別施肥N負荷原単位（kg N/ha例）

穀類, サツマイモ	0	ニンジン	146
ジャガイモ	84	サトイモ	174
タバコ	104	レタス	173
チャ	350	露地スイカ	89
露地トマト	220	〃イチゴ	234
〃キュウリ	482	リンゴ	85
〃ナス	483	ブドウ	106
ハクサイ	182	日本ナシ	317
キャベツ	121	温州ミカン	50
ホウレンソウ	157	施設トマト	231
ネギ	179	〃キュウリ	311
タマネギ	155	〃イチゴ	224
ダイコン	39	〃メロン	37

出典：西尾道徳　施肥窒素負荷量による硝酸性窒素汚染リスクの評価手法
環境保全型農業大事典 p79 農文協（2005）

参考1.2　有機栽培，有機農法とJAS認証

化学肥料や化学的に合成された農業用薬剤殺虫，殺菌，除草剤を使わないで，堆肥や家畜糞尿，なたね油粕，米糠などの有機質肥料，防虫網，木（竹）酢液，虫忌避植物他などを利用して作物を栽培する農法．使用可能な資材リストが示されている．さらに，

①播種や植付けの時点まで2年以上，使用可能なもの以外の農薬や化学合成肥料を使用していない水田や畑で栽培していること．
②遺伝子組換え由来の種苗を使用しないこと．
③生産から出荷までの生産工程管理，格付数量等の記録を作成することが義務付けられている．

販売される農産物加工食品に「有機」または「オーガニック」を表示するには，有機JAS認証機関による認定を取得する義務が課せられている．

1.10　農薬の使用に配慮，記録を

一般に生産現場では栽培，加工上，今日，農業用薬剤，動物用医薬品の使用なしには活動が存在しないともいえる．10a以下の小面積で，耕地維持や特殊な栽培（無農薬農法など）には多大なエネルギー，配慮が必要．時代の変化で，我が国国民の食材に対する農薬等の残留にかかわる不安感につい

ては，古くはカネミ油症事件に例示されるように敏感になっており，より安全性が求められている．折よく2006年5月に残留基準値が設定されていない農薬医薬品等を含む食品の流通を禁止する「ポジティブリスト制度」が施行された．この制度は原則的に全ての農薬，動物用医薬品を規制対象にした上で，食品に含まれても許される量をリスト（残留基準値）として示す方式である．今回の制度ではこれまでの残留基準のあるものを含めて799品目の農薬等に残留基準が設定された．

図1.15 ニラやピーナッツ（落花生）をキュウリの株付近，株間に植えることによりネコブ病菌の活動を抑制する（石川県立大学付属農場）．

なお，暫定基準は国際基準（Codex基準），農薬取締法，薬事法，飼料安定法などが参考とされ，未検出とする農薬，動物薬15品目，暫定基準設定の農薬，動物薬743品目，現行基準のみの農薬，動物薬41品目，計799品目である．

安全性の高い農産物，畜水産物を確保する基本は生産段階，現場において関連法で定められた使用法を守ることである．すなわち対象作物，動物・用法，用量，使用禁止期間などを正しく守り使用することにあるとされる．

【参考文献　堀江正一，ポジティブリスト制度と食の安全，同制度と残留農薬等分析　資源環境対策42巻11号101-104（2006）】

参考1.3　現在使用されている農薬はその使用方法を遵守すれば人への健康や環境に対する影響はほとんど回避された．

殺虫・殺菌剤，除草剤などは日本の農地環境と生産技術展開上から必要な農業用資材となっている．しかし依然として収穫物中の残留性や環境汚染への心配が巷にはある．行政的に現在農薬取締法の整備，各種基準値の設定，監視が行なわれ，農薬に対する厳しい評価が継続されている．ちなみに新しい農薬の開発目標は①低薬量の有効成分で高い効果を発揮す

る．②選択性が高い．そして難分解性の使用は禁止されたため，③分解されやすい．の3つとされている．

また，散布された農薬は分解するが，これには土壌微生物が大きく寄与している．現在多くの農薬は半減期（初期濃度が50％になる日数）が30日以内である．なお，生物農薬については資料の項を参照して下さい．

表1.3 各種農薬の土壌中における半減期

薬剤		畑地条件	湛水条件
殺虫剤	BHC	＞300	＞20
	DDT	1～2年	＞45
	ディルドリン	＞300	＞90
	フェニトロチオン	8～30	4～6
	ダイアジノン	11～112	4～10
	EPN	6～60	4～5
	NAC	3～30	3～42
	BPMC	20～40	50
殺菌剤	IBP	7～10	16
	EDDP	2～6	＜1

出典：上路雅子　健康・環境に配慮した農薬の開発，農業技術 61巻371-374（2006）

参考1.4　健康な土づくりと防虫

JAS有機よりも厳しい基準で

「無農薬の野菜づくりをめざして」どうにか見通しが立つようになるまで5～6年は要した．安心で美味しい野菜づくりの基本は健康な土づくりにある．「土づくりが全てを決する」と言ってもいい位に土づくりが重要だ．もちろん化学肥料は一切使用しない．地元にある畜産農家の牛糞オガクズ堆肥と豚糞堆肥をまぜ合わせて独自の自家製堆肥を作る．これを毎年10a当たり10t施している．これを10年以上続けているから土の中にはミミズや有用微生物がいっぱい活躍している．団粒構造でよく肥えたフワフワの元気な土壌だ．

「私達は"虫を殺す"という発想は一切ありません．いかに"虫の侵入を防ぐか"どうやって"虫の発生を防ぐか"，"虫を寄り付かせない"工夫をするかを考えます」という．したがって，いかなる殺虫・殺菌剤も一切使用しない．

（健康な土づくりが基本の上に），作物の作付け圃場を計画的に稼動していく輪作体系をとっている．このことによって病虫害の大量発生を防ぐことができる．病虫害対策にはこれに雨よけハウス，寒冷沙，防虫ネット，不織布のベタがけやトンネル被覆，シルバーマルチ被覆，黄色蛍光灯，天敵利用，捕殺など．

雑草対策ではマルチ被覆と手取りでこれが一番の重労働である.
出典：[有機で元気（岡山県）たかはし村上組営農実行組合］の項
山内外茂男・小林彰一著 野菜の美味しさランキング P166 − 167 晩聲社 (2006)

1.11 施設を長く維持するための保守・安全管理

　農業を健全に営むには使用するビニールハウス，ガラス室などの施設を長く維持する日常の配慮，作業を継続することもまた必要なことである．

(1) 防風対策

　台風に代表される強風被害は一般に作物栽培時に受ける場合大きく，後始末も大変である．事前の対策が可能であれば望まれる．
・防風林の設置（防風林によく使われる樹種：ポプラ，サンゴジュ，コウヤマキ，スギ，マツ）
・防風柵，ネットの設置
・風に強い構造を設置時に配慮，台風時の風向きを配慮，予め強風の到来がわかる場合はビニールを外す（場合によっては破る）
　電気配線の点検（ブレーカー落す）

(2) 積雪地における雪害対策

　ハウス内では中柱を立てたり，筋交いを入れるなど，雪の重みに耐える対応をする．ハウス内に作物がない場合には原則ビニールを外してある方が望ましい．
　融雪時の水が湿害に拡大しないように排水用溝などを掘っておく．
　ビニールが新しい場合，通常の気温（ハウス内4℃以上）では雪は滑り落ちる．ハウスの肩に届くほどになれば事前にスコップ，除雪機などで排雪する．
　木灰，もみがらくん炭，黒色土壌改良剤，すす（カーボンブラック）などがあれば晴天時散布し融雪を促す．

第 II 章　水田環境

2.1　土は生きている
　－土づくりの原点回帰と技術－

(1) はじめに

　コシヒカリの農家販売価格（生産者米価）約14,000円に象徴される米の値段が低迷している現実は，生産者の他JA，肥料，農薬，農機，資材取扱い関係者や農村都市の景気にも影響している．卑近な話，御当地管内2千数百haのみならず石川県下の水稲米質が必ずしも高い評価を全国的に受けていないことにも影響しているのであろうか．図2.1のように4段階評価でCランクのところが地域的に大部分とされている．技術的な対応はどうしたらよいか．

　地域農業の栽培環境変化，現場の観察からわかること
①儲けるほどに土が悪くなってゆく？田，畑ともに．かつて

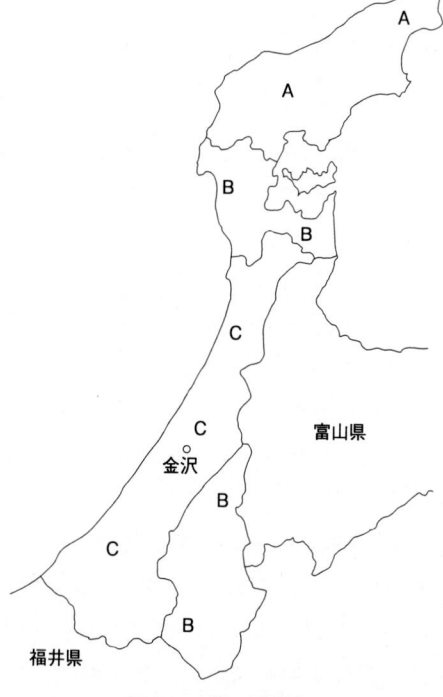

図2.1　米質の評価例．
石川県，A（おいしい）B, C, D（並）（資料提供，商系アドバイス2007年）．

多収イネ，地力収奪型イネ栽培（レイメイ他）の教訓を覚えている．
②豆腐にならない大豆の出現．
③土が硬い，締まる．土が冷たい（有機物含有量少ない）．
④代かき後の田面水が澄むのに時間を要しない．
⑤休閑期の雑草の伸びが相対的に少ない．
⑥行政と農業生産面の接触量減少．

　これらは，体の具合・土の状況，肥沃度低下傾向を間接的に示します．

　また，このように土がやせ細った原因は地力低下．すなわち①大陸からの酸性雨による石灰成分などの溶脱，②化学肥料の連用，③大型農機などの踏圧増，④有機物，堆肥などの施用減少，⑤塩基性成分，ケイ酸含有資材の不足などの長年にわたる累積の影響とみられる．

(2) 知土報恩

　土の柱，骨と肉．土は空気，水，岩石と生物からなり，骨格はケイ酸，アルミナ，鉄．沖積土では約65％，12％，10％の順．洪積土ではケイ酸が減少，アルミナ，鉄がやや増える．肉は腐植の部分（堆肥の成分などタンパク質，炭水化物，繊維，脂肪）．

　やせた土はコロイド粒子も小さく，吸着されるイオンの種類，量も少ない．逆に肥沃な団粒構造の土は黒〜茶褐色で，これらが多い．ちなみに，速く作業ができる耕地は砂地，砂質のようにやせている場合が多い．

　砕土機が必要な田，畑は，粘質で米がうまい．また，使われる農具は土質をよく示している．土が粘質で硬いところは鍬の刃に負荷が少ないように歯数や幅，深さに工夫が加えられている．これがトラクターの作業機ドライブハロー（浅い）−ロータリー，−プラウ（深い）の改良

図2.2　土性と農具．重粘な土壌のところでは耕すのに力がいるため，鍬に抵抗が少ないようになっている（石川県能登町中斎）．

に影響している．ところで，荒耕しは丁寧に．代かきは大体で（空隙確保）．土質，土壌に合った農具，農機の選択が必要．水稲生産費の30％は機械費と言われている．

　深い田ではイネはゆっくり成長，おそでき（晩生），浅い田では早く成長，はやでき，登熟早まる（早生）（地温上昇速く，冷えるのも速い）．

　今日の水田は，土地を平らにするため石を除き（道や石垣づくりへ利用），用水を導き，漏水防止の底打ち，あぜ作り，土の肥沃化へ多様な努力を蓄積してきた宝．その蓄積を食べさせてもらっている．一部には，米価など農産物価格が安いとの理由で蓄積が空になっても補充，補修の努力をしていないところもあり，これが全国的に拡大している．改めてそれぞれの立場で耕地土壌を見る必要がある．

(3) 敬土愛農

　稲体のワラ中1割はケイ酸．600 kgのワラ中60 kgのケイ酸あり．ケイ酸は土壌，用水中の天然供給，肥料に依存．ちなみに，所によってイネは成熟期10 a当たり約100 kgのケイ酸を吸収する例もある．

　土の中にケイ酸があってイネに吸収できない場合には吸収できる型に変えてやるか，吸収できるケイ酸質肥料を与えるのが選択肢．今まで資材120～200 kgの施用がすすめられたのは，4分の1～3分の1の吸収効率を配慮してのこと．

　既述のように骨格のやせ細りからみて，与えるしかないのに与えていない現実．実際全国のケイ酸質肥料使用量は年間20万t強で，稲作に熱心だった昭和50年代初めの6分の1に減少している．また，地元資源の良質山土などの客土も昨今みられない．

　問題点は明らか．土の酸性化，老朽

図2.3　製鉄所から出る鉱滓（スラグ）にはケイ酸やカルシウム，鉄などのミネラル成分が含まれている．これを粉砕してイネなどへ吸収されやすい形で施される（白山市水戸町．北陸産業）．

化などに対して補修ができていない．勿論，堆肥施用も皆無に等しい．ケイ酸質肥料施用量の低下は既述の米収量の停滞，大豆の品質と収量低下等に現れている．ちなみに，イネ栽培の最適土壌pHは5～6.5，大麦6.5～7.8，小麦5.5～7.8，大豆6.0～7.0である．加えて，土壌に存在する宝，ケイ酸成分を可溶化するのは弱い酸である．たとえば，炭酸や乳酸，酪酸他．これらは主に堆肥や茎葉残渣等の有機物分解に由来する．良質有機物の施肥も合わせて配慮必要．さらに，水溶液でないとケイ酸が吸収されないので，湛水管理にも留意．かつて畑状に水田を干して，ケイ酸質肥料を撒布し，効かないという「苦情」が多くあった（落第生のコメ作りと見られる．）．

また身のまわり，地域の生物性未利用資源を堆肥化し，耕地還元すれば化学肥料の施用量も少なくてすみ，作物の肥料成分吸収効率（利用率）が増加することはすでに明らかにされている．

(4) 原点を反省し感謝

①骨格・粘土・ミネラルと②肉・腐植有機物により黒褐色の，粟おこし状で団粒構造の望ましい土ができ，気象変動耐性とストレスに強い緩衝能大の優良な耕地が確保される．

かつて，さなぎ，ニシン，牛馬糞，草肥，堆肥などの耕地還元で黒褐色の肥沃な土が多く見られ，皆それに見習って土づくりの努力がされた．今はこれらの努力はわずか，化成肥料に頼り，良質の土が一部崩壊の現状．安全な食と安心な環境を確保するため土づくりへの緊急出動が要請される状況と言える．

(5) 土に合掌，感謝

効率第一だけでは豊かな土，環境，安全な食料は作れない．

おじいさん，おばあさん，子供にも手伝ってもらう農業の基本的価値への反省．ちなみに，土づくりを含めた農作業は老化とボケ防止，医療費削減に加え教育等へ真の撫育，食育を通して機能する．母なる大地，土に合掌．

【2007年12月1日JA小松市農業会館にて】

2.2 身近な土と米(?)

(1) 土への関心

「灯台もと暗し」の言葉に代表されるように身近にありながら平素注意や関心，感謝の心を持たないものが多い．人によっては忙しすぎて…の方もあろうか．「土」もその仲間．ちなみに大学新入の1年生約100人を対象に，(現在地球上で健全な部類の耕地は約1割，地表の3割強は不毛な沙漠や乾燥地であり，今後増える人口を養うには緑化，土壌改良，食料生産が最重要課題であることを．)1時間話した．この後，土に対する自分の想い，関心などをキーワード（複数可）として紙片に記名でメモしてもらった．出された主なもの20余は，以下のとおりである．これから農学を学ぼうとする若者がこの分野に持つ関心の細目，興味の濃淡などを間接的によく表わしている．

生活の根源．農業の基本．植物に土は必須．緑を育てる．植物にやさしい土づくり．よい土は水を沢山含んでいる．土にふれることない．土は柔らかい．土の臭い好き．環境にも人間にもやさしい土．腐葉土．砂．よい土にミミズがいる．根菜にとっては赤ちゃんの胎盤．地中にいる生物にとって土の魅力？豚やペットが遊べる土．生ゴミを分解する土．閉鎖系循環リサイクル．ろ過．洗浄．土壌汚染．稲作に適した土地に住宅は建てにくい．土を手に入れるのは難しい．

これらのキーワード群は，豊かな土の衰えが人類生存の危機へもつながることを推察させ，健康な土壌を保全維持することの大切さを暗示している．

(2) 超ミニ田んぼ

生活の源にちなみ米づくりの場合，土に1粒の籾，1本のイネ苗を植えると根が土中を伸び，茎葉の成長を支え，穂を付け，一般に30～200ほどの籾ができる．しかし，世界的に沙漠，乾燥地，草原や畑地帯の人々にはイネづくりの作業が想像しにくい．中国内モンゴルの沙漠地から本学へイネ

による沙漠緑化技術を学びに留学生が来ている．彼に日本の学生と，ある程度の米収量を目指す農家で，土を入れた箱にコシヒカリ種籾を播き，散水，覆土，加温までを流れ作業する体験学習をしてもらった．『こんなにしてあのおいしい日本米ができる稲作の作業が始まるのか』と感心．現場での実学は，彼らに農業への勉学意欲を一層加えた．

周知のように日本における効率優先，強弱の格差拡大が目立つ社会変化はふだん身近に溢れる物の出所，生産環境やそれらを送り出す人々への配慮を失いがちである．いま（5月）は田植えの季節，口を切ったペットボトルや小さなバケツに土と水を入れ，超ミニ田んぼを作り，1本のイネ苗をさし，その成長を家族でみるのも身近で容易にできる弱者をいたわる撫育と食育の国民的な最高の教材である．

2.3 米づくりに見る"反面教師"
－生産現場理解のために－

(1) いざ"大人に"なると

北陸地域で，コシヒカリは八月初めに穂を出す（出穂と呼ばれる）．出穂から逆算して20余日前から茎の中に幼穂が形成され，出穂まで成長する．そこで新盆過ぎは梅雨明け間近い頃であるが，この穂を大きくさせる期待から更に肥料が施される．いわゆる追肥である．田植えの前，代かき前に施される元肥についで大切であり，特に穂肥と言われる．

この頃，10a当たり21,000株程（3.3m^{2}当たり70株余）植

図2.4 イナ作は米の字のとおり，八十八の手間がかかると言われ，机上の計画どおりには簡単にはいかない．コシヒカリの収穫作業はコンバインの出現により省力化された（小矢部市長：2007年9月）.

付けされている稲は，株当たり通常30本弱の茎を付けている．このうち20本余の比較的太い茎が秋に穂を付ける．

　5月初めに早苗を田に移植してから7月初旬に至る2ヶ月余の間，一般に株当たり数本植えられたものが30～50本位に茎数を増やす．しかし土壌中の窒素を主とする栄養分の相対的な枯渇（見掛けの可給態窒素の不足）と草を茂らす栄養生長期から実を付ける生殖生長期への変換によって最大茎数の3分の2から2分の1位へ，茎数が減る．沢山子を産んでも育て切れないため，分相応の数に調節されるわけである．

　一方，田の草出来が良い頃，栄養生長期の青田には倒伏しているものは皆無である．しかし秋の収穫時には必ず多くの倒伏田が見られる．そして青田時に期待された収量より，必ずと言ってよい程，2, 3割低い．北陸地域では平均収量，10a当たり500 kg余である．幼い時，若い時は元気で威勢の良い状態であり，将来が楽しみと見られていたが，大人になるにつれて「人」には意外とならない場合が多いのと似ている．

(2)　"倒伏"と"秋落ち"

　このような稲の凋落をもたらす原因は何なのであろうか．主因は倒伏，秋落ちの2者である．コシヒカリによく見られる倒伏は基本的に慣行の栽培法が株当たり多苗でかつ面積当たり多株のため自然と密植となる．植付後の姿は青々ときれいだが，後期に茎が細くなり，台風などの災害を被りやすい．倒れると稲の体半分は光が当たらないために，光合成機能が停滞し，呼吸，生命を維持するのに精一杯となる．このため折角，穂に付いた籾容器の中へデンプンなどを送り，籾を太らせ，充分実らせることができない．それで不稔粒割合を多くし（登熟歩合を下げるという）減収につながる．

　また，秋落ちは稲の生育後半，特に出穂後にみられる栄養凋落現象で，根が伸びる耕土が浅いことや土壌中の養分（主に地力窒素やケイ酸，鉄分ほか）の少ないことなどに主として起因する．出穂前，青田の時は湛水状態であるため，水の助けで，養分吸収が比較的円滑に維持されている．

　しかし，出穂期以降相対的に田面水が浅くなり（出穂時は花水といって水

は特に必要で多量にいる),穂が傾き(傾穂期),稔実に入ると,チラ干し,間断灌水など,土壌は飽水状態ないし類畑状態に維持される.この様な時期になると,その稲が作付されている土壌の力,水田肥沃度の相対的高低がわかるわけである.肥沃度の高い田は秋まさり,大器晩成型の稲となり,一般に多収となる.

(3) 地力と水だけでも・・・

　稲に最も吸収される養分は骨格であり,乾燥重量の約1割を占めるケイ酸にある.一方収量に最も影響を及ぼす養分は窒素である.加賀平野で比較的多収な,10a当たり600kg程度取れる所でみると,窒素含有率,玄米で約1%強,わら0.2～0.3%,籾とわらの割合約1対1と見た場合約8kgの窒素が地上部に吸収されている.一方同じ所で,窒素,リン酸およびカリなどを含む肥料を全然施さず,灌漑水だけで(無肥料で)稲を栽培した場合10a当たり300kg強の収量が得られる.地力と水だけでこれだけ米が取れるわけである.この場合には土壌中に吸着,固定されていたり,微生物によって空中窒素を固定したりした窒素などが10a当たり約4kg吸収されている.

　したがって一般に窒素成分は肥料として10a当たり10～16kg当地域では稲に施されているが,このように見ると,吸収利用される分は見掛け上,4kg弱である.つまり施した肥料の約3割しか,窒素の場合,利用されない計算になる.残りの7割は空気中へ脱窒,土壌の下層,排水への流亡,および土壌に吸着,固定(一部有機化)されるわけである.

　加賀平野では,水田土壌の全窒素含有率は約0.1～0.2%である.0.15%とみた場合,10a深さ10cmの作土には約150kg含まれている.分析すると,このうち更に約1割が稲にほぼ利用可能な型の窒素(可給態窒素)として存在する.しかし現実には先述のように4kg程度が天然に供給される型で,その年の稲に吸収される.150分の4,いわば約3%弱の配当に似ている.

(4) "基礎体力" の充実を

　土づくりの一方法とされる有機物の施用に留意した水田，たとえば，年間2t余（現物）のきゅう肥を約30年間連用した田が加賀平野の松任市内にある．ここは隣接する化学肥料だけを連用し，長く稲を作っている田に比べて，約3割土壌中の有機物が増え，全窒素含有率は隣の田（対照）が0.15％なのに対して0.2％に増加している．いわば30年かかって0.05％増えるわけで，土壌中の有機物を富化し，土を肥沃にするには長い年月とそれを実践しようという強い意欲が必要であることがわかる．

　しかしこのような有機物の多い田では，一般の化学肥料だけに依存し．これを連用する田が，こまめな追肥（中間追肥，穂肥，実肥など）を要するのに比べ，相対的に追肥の量，回数は少なくて済む．このため施される窒素肥料の利用率は慣行田に比べて高まる場合が多い．3度の食事をきちんと食べ，日頃の体力維持，健康に留意しておれば，間食，おやつが少なくて済み，集中力の高い子が育つ．

　このように，耕す土の深さが深かったり，有機物の含有量が多いと稲の固体あたり土壌中の吸収可能な窒素量が，通常は多くなる．つまり元肥として機能する窒素が増える．当然配当も多くなりかつ，稲が作りやすく，多収の例が多い．

　ちなみに，耕土が深く根がよく伸びていたり，有機物（腐植）の含有量が多い場合，一般に冷害などの気象災害にも比較的強い．－基礎体力が充実しておれば病気にもなりにくく，勉強や仕事も一般にはよく出来るのである．

【農業リサイクル No.26 昭和60年に掲載】

2.4 市街化と用水環境の保全

(1) はじめに

　近年，国内の急激な経済成長に伴って商工業に必要な用地確保のため農地にまで工場や住宅が著しく立地し，これにより産業廃水，生活廃水の増加

が付近を流れる農業用水の水質や環境へ影響を及ぼしている．本研究ではこのような水環境の変化を回避し，川の流域関係者，住民が協力して水質保全対策を進めるねらいから，水質等分析調査並びに生物等実態調査を行い，用水環境の実態を理解しその保全について農業者のほか地域の住民関係が一体となって協力できる具体的方法などについて考察する．

図2.5 河北潟沿岸水田（金沢市：6月）．

(2) フィールド

金沢市近郊を流れている河原市用水を対象に実施した．この地域では現在，急速に都市化が進んでいる．用水はほぼ全線で三面コンクリート張りとなっている．

(3) 調査方法

1) 調査期間
   2000年2月～9月（採水分析）
2) 調査地点
   用水の本線（約12km）および排水について上流・中流・下流のおもな取水口，排水路など
3) 調査項目および分析方法
①生物調査
ⅰ) 動植物（肉眼観察）
ⅱ) 微生物（光学顕微鏡観察）
②水質調査
ⅰ) 採水時の調査項目：気温，水温，色相，濁り，臭気，生物相
ⅱ) 水質分析項目：SS, pH, EC, T－N

表2.1 農業（水稲）用水基準

項目	基準値
SS	100mg/l 以下
pH	6.0～7.5
EC	300 μS/cm 以下
T－N	1mg/l 以下
DO	5mg/l 以上
COD	6mg/l 以下

iii）分析方法：現地簡易分析（パックテスト），室内化学分析

4）結果および考察

　調べた用水では，図2.6～10のように用水本線の下流部と特に排水の方で水質環境が悪いところが一部見られ，また生態系のバランスの崩れも見られた．これらは流域の産業廃水や生活廃水の影響によりもたらされたものである．ところで，人間にとって有益なものと自然環境とは反比例するものであり，ヒトにも自然にも優しくあり続ける環境作りというのは一般に

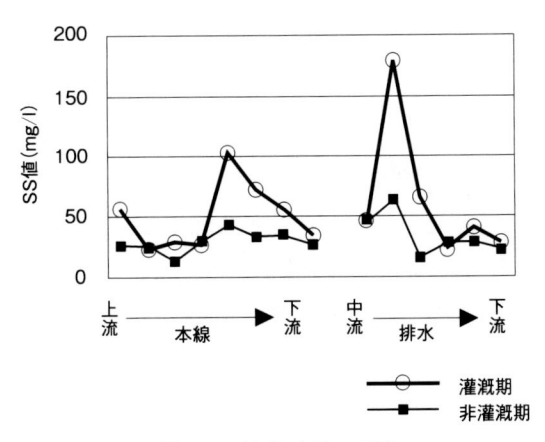

図2.6　ごみ量（SS）の変動．

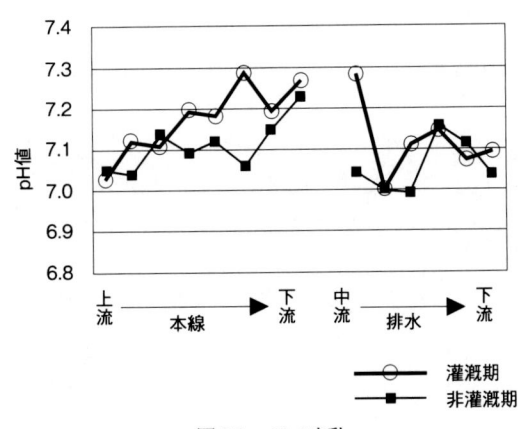

図2.7　pHの変動．

難しい．今後，水質汚濁を回避し美しい景観を蘇らせるためには，今以上に環境保全のために地域住民の積極的な活動が不可欠になると考える．地域の川，用水や排水などの望ましい環境の保全に関わる維持，管理を進める上で，地域の老若男女，農業者，住民，消費者等各方面の理解と協力が求められるが，このためには日頃，川の実態を知り川に馴染んでもらうことも大切だと考えられる．このためには，

①川の岸辺を歩く四季散策の集い

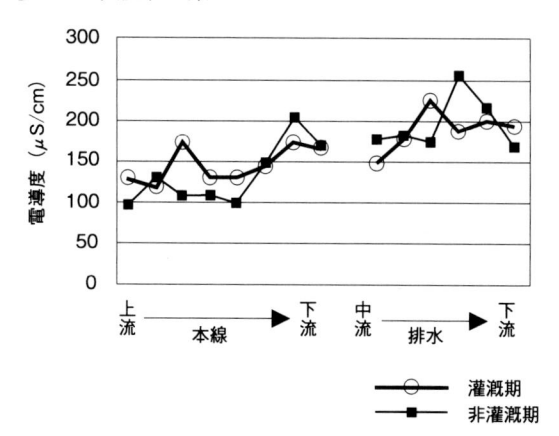

図2.8　塩類濃度（EC）の変動．

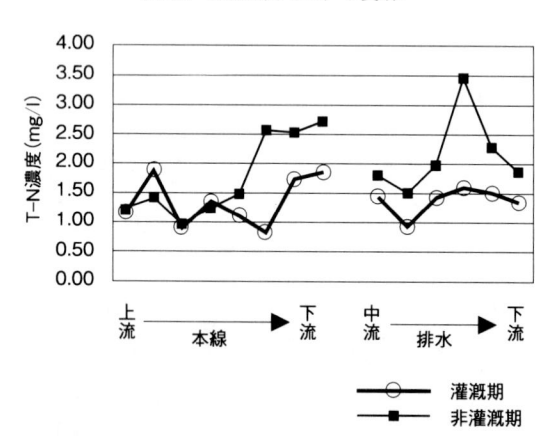

図2.9　有機物量（T－N）の変動．

2.4 市街化と用水環境の保全 (41)

②流域にいる魚，昆虫，鳥，植物の名前を知り，覚える活動
③水の汚れを少し化学的に調べるための簡易判定法などで，小中学生でも簡便に水質を調べる事ができる方法の普及と実行
④ビデオやカメラで撮影した川や周辺環境の観察情報の広報，啓蒙
⑤大きなコンテナや廃おけなどに川の水を入れた水槽を作って，めだかなどの小さな生物を飼育し，間接的に用水のこと（汚れなど）を知る活動
などの実施も望まれる（図2.11）．
本調査は農林水産省（北陸農政局）の委託で行ったものであり，東北農政局管内名取川の調査結果とあわせ現在実施されている農地，水，環境保全事業の実施に際し参考資料となった．

【木谷奈緒子らと共同研究】

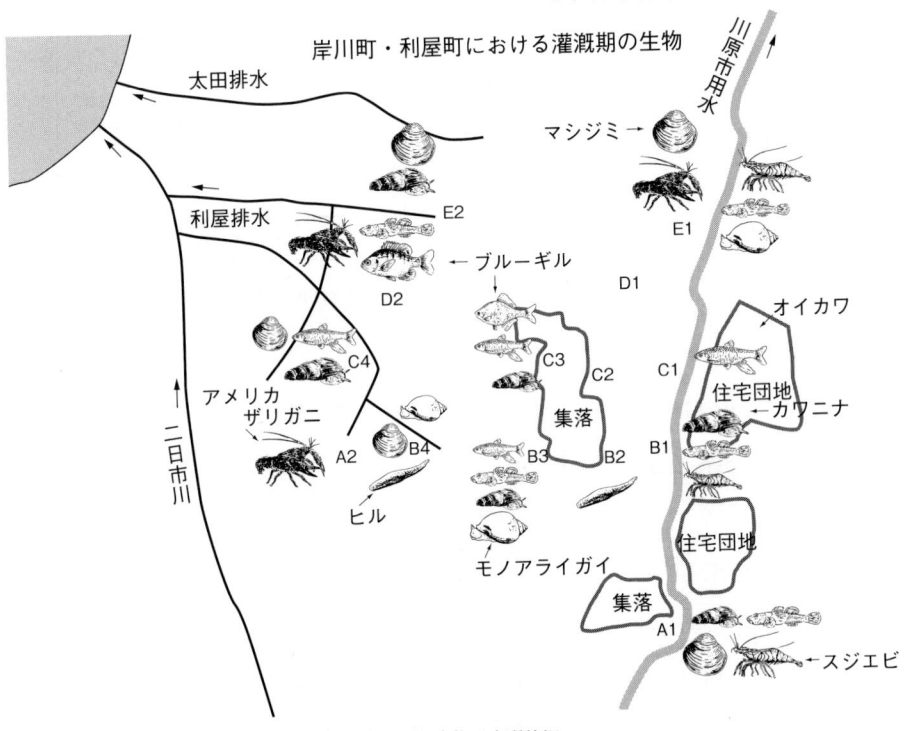

図2.10 主な生物の出現状況．
金沢市河原市用水の灌漑期（例）．

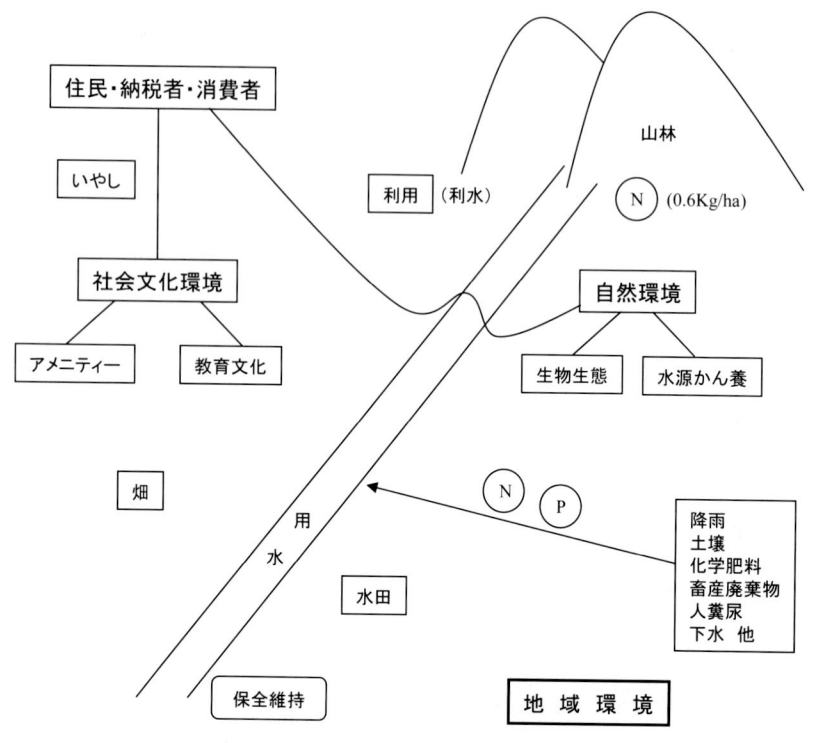

図2.11 用水環境が有する公益的機能を守る地域住民と消費者の参画.

2.5 河北潟沿岸における環境保全を配慮した水稲省力栽培
― 窒素全量育苗箱施用でコシヒカリ600kgどりへ，
2005年実例と環境 ―

(1) はじめに

　用排水への窒素やリン酸成分富化に象徴される汚濁を防ぎ，農業用水の適正な水質維持は，安定な良質米生産には必須の基本条件とも言える．河北潟沿岸水域では，久しく窒素濃度1ppmを超える時期の多出現とこれを防止する対策が検討されてきた．ここでは，水稲栽培における施肥の面から施

す肥料の量を実質的に少なくする，施肥成分の利用率を上げ，少ない肥料で従来の目標収量を得る観点で現地試験を行なった．ちなみに，水稲施肥作業等に由来する用排水への肥料成分濃度の影響，とりわけ硝酸やアンモニア態窒素，リン酸濃度上昇防止等のねらいから河北潟沿岸水田では，窒素全量育苗箱施用が有効であることを2004年度試験で確認した．引き続きこの事の再現性と地域で省力や品質の点から注目されている2〜3の施肥法との相対的比較検討を実施した．

(2) 現地試験方法

供試コシヒカリ栽培田は，表2.2のように河北潟沿岸K氏の金沢市才田①と八田②地内，いずれも「苗箱まかせN400-120」を育苗箱当たり1kgと初期分けつ肥として移植当日にハイパーCDU（細粒）-2（N30％）を100g/箱当たり苗上に表面施肥をし，10a当たりN成分10.32kg施用田，リン酸等の施肥効率が高く，減肥可能な土壌改良材と言われる商品ニュートリスマートを望まれる施用量を箱育苗時に育苗箱当たり2kg，10a当たり40kg施した苗を移植した砺波平野小矢部市の対照田③と試験田④，低タンパク米が生産される能登半島輪島市北谷の竹繊維施用田⑤，輪島の千枚田⑥および福井平野福井市内でミネラル肥料成分施肥を配慮したQS農法の移植苗栽培田⑦と同法直播田⑧の8箇所について収穫時，平均的な生育を示す株につい

図2.12 水稲コシヒカリ栽培における肥料全量箱苗施用．移植時（金沢市八田，小林正治氏）．

図2.13 窒素の全量を元肥「苗箱まかせ」…被覆緩効性肥料で施した収穫期のコシヒカリ（金沢市八田，小林正治氏圃場：2005年9月）．

て収量調査，養分吸収量分析等をした．なお，①の調査田は約1週間早刈りした．

(3) 結果および考察

結果は表2.2の通りで，金沢市の河北潟沿岸水田試験田では，前年度2004年と同様に10a当たり600kg以上の収量が確保された．したがって，この全量苗箱施用法では，$3.3m^2$当たり60株植えで株当たり穂数20，一穂着粒数約100，登熟歩合約75％，精玄米千粒重22.5gで十分10a当たり600kgのコシヒカリが省力で収穫できる．この際，わらと玄米の地上部に吸収される窒素量は約11kg余で，窒素利用率が向上し，用排水中への肥料成分流出が確実に防げると考察される．

①，②田に供試した「苗箱まかせN400-120」は，代表的な緩効性肥料で，一般的な普通や高度化成肥料に比べてイネの吸収利用率が高い．今，このN利用率を60％とみなせば10a当たり5.8kgが肥料から5.2kgが河北潟沿岸水田土壌からイネへ供給されたことになる．従来は，イネ栽培に基肥，追肥，穂肥などの形で施肥されていた．この方法では，施肥効率，イネの肥料成分利用率が平均して40％程度，残りの60％は環境へ放出された．そのため10a当たり600kgの収量を得るには土質によって12～15kgの窒素成分施用が必要とされた．したがって，本試験で実証したように箱苗の育苗時培土に被覆緩効性肥料を全量施肥する方法は，確実に約30％の減肥と省力栽培ならびに環境保全に機能する．

(4) 総合考察

河北潟沿岸水田の水稲栽培において，施肥法の選択により農業排水路，残存湖等へ放出される窒素，リン酸成分量を減少させるため，施肥量の節約と施肥効率の向上に関わる基礎的なポット栽培試験と現地栽培試験を3年間実施した．調査対象地とした金沢市森本地域の水田土壌は背後の丘陵山地からの表土流出，水田への灌漑用水に乗った流入などの影響を受け，表土に砂壌土を含むところが多く，土壌はシルト質壌土～砂質埴壌土のところ

が多い．土壌の理化学性（例）は，10YR3/3，pH5.2，CEC13.4 meq/100 g，全炭素3.12％，全窒素0.15％，C/N比14.2，腐植3.67％で必ずしも肥沃な土壌とは言えない．

この土壌の生産力をイネポット栽培試験で調べると8 kgの土壌で無肥料によりコシヒカリを育てると20 gの玄米生産力が観察される．10 a深さ10 cmの表土100 tで概算すると250 kg，60 kg入り4俵強となる．一般にトラクターのロータリー耕では，耕土層が15 cmとみなされる．したがって先述の10 cmを15 cmに換算すると玄米生産力375 kg，6俵余となる．これは，この地域で今まで通常の栽培において「何もしなければ5～6俵の米はとれる」と言われていることをよく裏付けている．

農業者が600 kgの収量をあげたいと希望するとあと225 kgの玄米とそれを支える藁の部分の栄養，特に窒素を籾藁比を1とすれば藁225 kgとなるので，玄米中1％，藁中0.7％とみると3.75 kg，約4 kgの窒素分をイネに吸収させる必要がある．750 kgの収量目標（2005年実績）では，約6 kg強となる．ただし，ポット試験は閉鎖系であり，実際の現場では下層への溶脱があるので利用割合は計算値とやや変わる．すなわち，利用率が低下するので，施肥の必要量は増す．

表2.2 施肥法を異にする地域のコシヒカリ収量（2005年度）

	草丈 (cm)	株当たり茎数	株当たり全重	一穂着粒数	登熟歩合 (%)	精玄米1000粒数	収穫 g/m²	玄米中タンパク質含有量 (%)	窒素吸収量 (kg/10a)
1. 河北潟沿岸，金沢市森本才田窒素全量箱苗施用	107	22	92	94	69.6	22.8	597	6.2	11.4
2. 同上 八田	113	20	99	105	88.8	22.6	767	7.1	12.7
3. 砺波，小矢部	114	20	85	99	78.7	22.8	646	8.0	14.1
4. 同上 ニュートリスマート全量苗箱施用	109	25	111	93	76.5	23.5	760	6.7	14.0
5. 能登半島，輪島北谷竹繊維施用	100	18	80	78	81.7	20.9	522	5.6	7.9
6. 輪島千牧田	108	18	64	80	81.3	20.3	518	5.1	7.2
7. 福井，QS栽培移植	95	21	70	82	80.0	21.2	636	5.4	10.1
8. 同上 直播	110	18	50	71	75.0	20.6	431	5.5	6.5

育苗箱

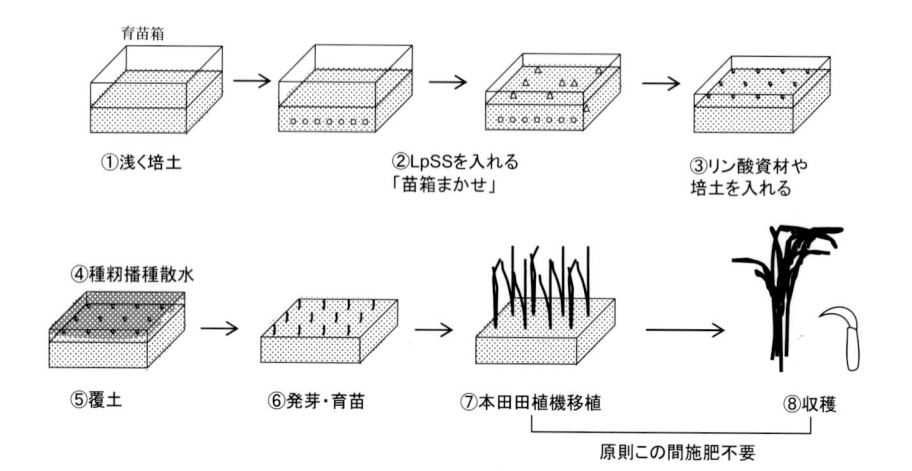

①浅く培土 → ②LpSSを入れる「苗箱まかせ」 → ③リン酸資材や培土を入れる

④種籾播種散水
⑤覆土 → ⑥発芽・育苗 → ⑦本田田植機移植 → ⑧収穫

原則この間施肥不要

図2.14 主な作業順序.

しかし，約4～6kgの窒素成分をイネに吸収させるには従来の元肥プラス追肥の分施法などでは，施肥効率からみて必要量の約3倍12kg以上の窒素肥料あるいは窒素を含む複合肥料などを施す必要があった．特に用水かけ流しなどの水管理法を伴う場合には肥料の利用割合が低くなる．しかし，2004年や2005年の本試験においては，現地で箱育苗時被覆緩効性肥料LpSS100「苗箱まかせ」を箱当たり1kg，10a当たり24箱（N成分9.6kg）使用，3.3m^2当たり50株苗移植で600～750kgのコシヒカリが収穫できた．本肥料を使うと施肥効率が相対的に高くなることを示している．加えて本法は，施肥労力が著しく減るため実践した農業者には喜ばれた．したがって，普及性は高いと考えられる．

(5) むすび

河北潟沿岸水域の水稲栽培における施肥，肥料由来の水質汚濁を防止するには被覆緩効性肥料の機械移植，育苗時箱施用のみによる局所施肥法が効果的であった．本法は慣行の施肥法に比べて約30％以上の減肥と省力が可能で，今後農作業法の具体的普及が望まれる．

【協力：エコジャパン　奥田晋一郎，金沢市篤農　小林正治】

2.6 河北潟沿岸水田土壌の特徴

　北陸の米どころ，加賀平野，砺波平野，魚沼地方の土壌に比べた河北潟沿岸水田土壌の特徴を速効性と緩効性の肥料を施し，イネの生育を比較することにより比較調査した．供試土壌は，河北潟沿岸金沢市森本土壌（土色10YR3/3，pH5.2），石川郡野々市土壌（土色7.5Y3/2, pH5.4），砺波平野小矢部（土色2.5Y3/3，pH5.6），魚沼郡小千谷（土色10YR2/2, pH6.1火山灰性）の各表土である．

図2.15　精密な土壌肥沃度の違いをコシヒカリの栽培により比較試験する（石川県立大学付属農場：2005年9月）．

　ポット（13Lのポリバケツ）に土壌8kgを入れ，表2.3の試験区構成でコシヒカリを栽培し，収量と水稲の窒素吸収量を調べた．結果は表2.4，図2.16の通りである．地力・肥沃度の相対的高低は，砺波，森本，魚沼，野々市の順であり，地力の高いとこ

図2.16　土壌の違いとコシヒカリの生育．

ろは施肥効率が低くなる．また，イネの生育特に対照区の生育収量は肥沃度によく対応している．加賀平野の中で野々市は1:1型の粘土鉱物を主としているため，2:1型の粘土鉱物が多い森本に比べて肥沃度が劣る．生育に与える影響を施肥からみて見ると対照区に比べて速効性肥料は穂数，一穂着粒数，緩効性肥料は千粒重にそれぞれプラスの効果を示していることがわかる（図2.17）．他方，肥料として与えられた窒素施用による玄米生産量を比較すると，魚沼＞砺波＞野々市＞森本の順となり，魚沼の土は肥料を施すことによりイネの生育，米の収量が更に上昇する傾向がはっきりわかる．施肥による収量応答性が高い．なお，ここで示した玄米重および窒

第Ⅱ章 水田環境

表2.3 試験区構成

No.	区名		No.	区名	
1	森本地区水田表土	対照区（無施肥）	7	魚沼郡水田表土	対照区（無施肥）
2		速効性肥料区	8		速効性肥料区
3		緩効性肥料区	9		緩効性肥料区
4	野々市町水田表土	対照区（無施肥）	10	砺波平野水田表土	対照区（無施肥）
5		速効性肥料区	11		速効性肥料区
6		緩効性肥料区	12		緩効性肥料区

施肥量（速効性肥料区・緩効性肥料区）

試験区	現物肥料	施肥量 (g/ポット)	窒素 (g/ポット)	リン (g/ポット)	カリウム (g/ポット)
速効性肥料区	硫安 過リン酸石灰 硫酸カリウム	4.8 5.6 2.0	1	1	1
緩効性肥料区	LPコート SS100[1)] 過リン酸石灰 硫酸カリウム	2.5 5.6 2.0	1	1	1

1) チッソ株式会社が開発した窒素成分を40％含有する．100日で溶けるように設定された肥料のこと．

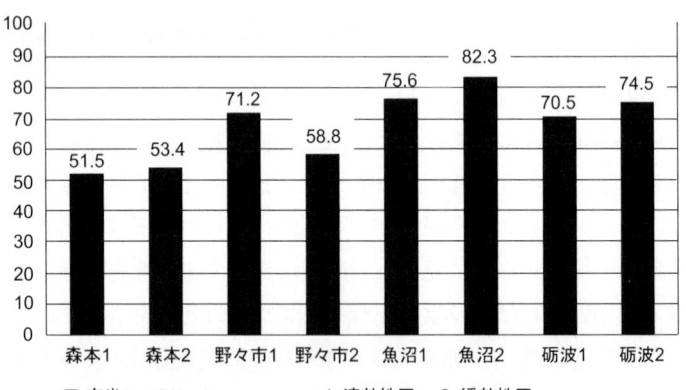

図2.17 施肥により吸収された窒素（mg）当たりの玄米生産量（mg）．

森本1: 51.5、森本2: 53.4、野々市1: 71.2、野々市2: 58.8、魚沼1: 75.6、魚沼2: 82.3、砺波1: 70.5、砺波2: 74.5

■ 玄米(mg)/N(mg)　　1:速効性区　　2:緩効性区

素N量は次のように求めた.
・玄米重（mg）：各区速効性肥料区の玄米量—対照区の玄米重
　　　　　　　各区緩効性肥料区の玄米重—対照区の玄米重
・N（mg）：各区速効性肥料区の玄米N吸収量—対照区の玄米N吸収量
　　　　　　各区緩効性肥料区の玄米N吸収量—対照区の玄米N吸収量

表2.4　収量調査結果

試験区処理	全重（茎葉+精玄米g）	茎葉乾物重(g)	穂数（ポット当たり本）	一穂着粒数(粒)	登熟歩合(%)	精玄米1000粒数(g)	精玄米重（ポット当たり本）
森本地区水田表土対照区	51.5	27.1	29.0	46.7	82.7	21.8	24.4
森本地区水田表土速効性肥料区	113.1	89.5	75.0	55.0	72.7	21.2	63.7
森本地区水田表土緩効性肥料区	103.1	51.6	42.5	58.2	79.8	23.5	46.4
野々市町水田表土対照区	35.0	18.9	23.0	40.9	80.1	21.4	16.1
野々市町水田表土速効性肥料区	127.0	66.0	68.0	54.0	77.3	21.5	61.0
野々市町水田表土緩効性肥料区	92.4	48.0	28.0	81.9	79.5	24.4	44.4
魚沼郡水田表土対照区	41.2	21.0	24.0	40.1	90.7	23.1	20.2
魚沼郡水田表土速効性肥料区	137.5	76.4	60.0	52.0	77.5	23.0	61.1
魚沼郡水田表土緩効性肥料区	63.5	34.0	30.0	57.0	73.6	23.5	29.5
砺波平野水田表土対照区	53.0	28.0	25.6	40.0	88.9	22.4	25.0
砺波平野水田表土速効性肥料区	115.8	63.0	54.0	53.9	80.0	22.7	52.8
砺波平野水田表土緩効性肥料区	84.1	43.0	35.0	55.4	88.9	23.9	41.1

2.7　流水客土
－土は粒径が0.2mm以下でないと川や水中をよく流れない：
砺波平野・流水客土事業の教訓－

植物の根は一定の土層が確保されなければ地上部の器官とその成長を支えることができない．このことは土が浅いところに育つ植物は草丈が小さいか，種類が少ないことでもよくわかる．根が伸びるところの根圏を厚くするには深耕するか外部から土を入れて盛土するしか方法がない．トラックなどによる搬入客土．ところで豪雨や台風に伴う洪水などの際に土を含んだ濁流が用水や田畑を覆い流れる光景はよく知られている．他方客観的に地域的な土，客土に対する時代変化を現す一例を示したい．黒部川のダ

ムに堆積する土砂を排砂するため濁流で放出することによる沿岸漁業への深刻な影響，有機物や酸素不足による魚の減少，が報道されている．この土砂は十分農業用に使える．

かつて客土のことなどを考えていた富山県井口村（現南砺市）の前川甚作氏は，行政と協力して人為的に濁流を発生させ，水路を利用して広域な平野の水田に山の土を入れる方法：流水客土を自身が機械と電気の知識を有していたこともあり案出し，実践指導して成功した．ちなみに，富山県庄川水系を利用した砺波平野約4,000 ha※の水田はかつて毎日水まわりしなければならないザル田が多く浅耕土地帯であった．このため，耕土を厚くするのが懸案とされていた．氏は，上流の山麓で池の水を山の土にジェットノズルで射水し，汚水を微粒化プラントに導き，これによって細かい土粒，粘土を農業用水路系由で何十キロも下流へ流し，1ぴつごとの水田水口から汚水を入れた．水口に入ると流れは緩くなり，水口付近だけに土がたまり厚くなることを解消するため氏は，トラクターに仕切り板をつけ均平化することも考案し，実践した．

通常1日24時間で2,000立（トラック1台分5立で計算すると400台分），最大3,500立（700台分）を流したという．この13年間にわたり25億円（当時）で行なわれた流水客土事業とその後ブルドーザによる均平，床締め効果を持つ圃場整備事業により流域の水田は，水まわりが2ないし3日に1回すればよくなった．また，多くの田では肥料もちと分けつが良くなり収量が以前より20〜30％増し，農家に喜ばれたという．当時この客土方式は注目され同じような要望を抱いていた全国の地域へ伝わり，石川，新潟，山形などで実施されたが砺波ほどうまくいかなかったという．最大の理由は土のある山で射水するに際して，石と木の根，雑草等をきれいに

図2.18 雪一面の砺波平野，庄川付近，右，高岡方向（頼成山付近：2005年2月）．

機械的に分離するシステムの作動に問題が多かったとされる．すなわち，「機械と電気を知っている人がいないとだめ」と氏は回顧された．このことは農業現場技術の改良に際して現在も通じることである．この発端となった土の粒子を川の流れを用いて下流へ移動させる技術工夫のヒントとして氏は，コンクリート護岸水路であれば土砂は詰まりやすいが，土を素掘りした水路であれば埋まりにくいことを経験的に観察していたと言う．図2.19のようにリレーの際，バトン（土粒子）を渡すとき，落ちる前に次々人の手に渡って後へ移動する．土を含む水を踊らせる（あおる）ことによって底に沈むこと（堆砂）を抑えている．このことはデスクの上で想定される川，水の流れと現場における実際の流れがやや違う面もあることを示すものである．ちなみに，土が粒径約0.2mm以下であれば水中をよく流れる．筆者らは中国黄河の上流域でイネによる沙漠緑化に協力しているが，この黄河中流包斗付近では常時，土が約3％含まれる濁流である．上流域沙漠表土中

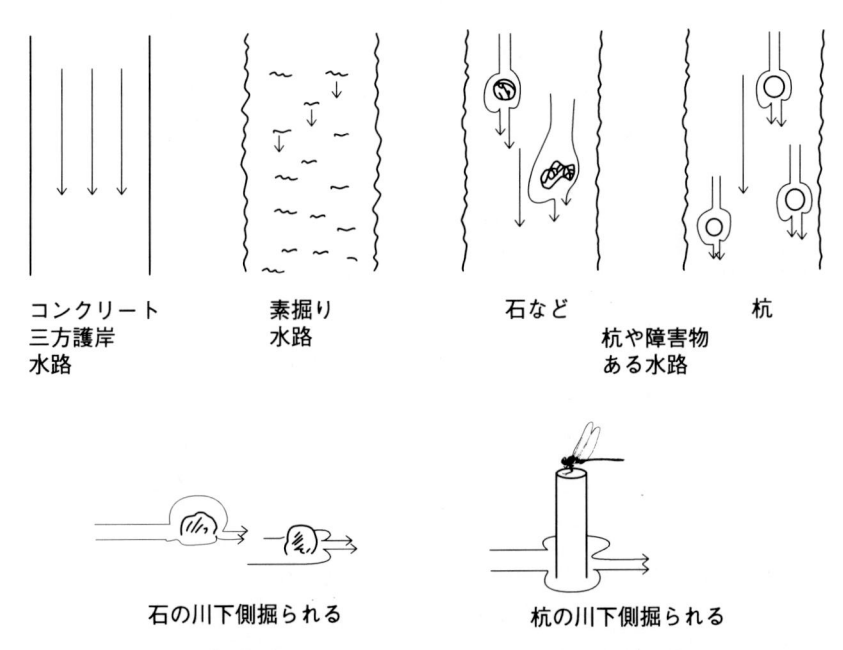

| コンクリート三方護岸水路 | 素掘り水路 | 石など杭や障害物ある水路 | 杭 |

石の川下側掘られる　　杭の川下側掘られる

図2.19　農村環境でみられる川，水路と水の流れ（長谷川和久原図）．

の粒径0.2mm以下細砂, 0.02mm以下微砂（シルト）および0.002mm以下粘土分が侵食を受け流下していることがよくわかる.

【※　提　義房：北陸の農業散歩 p.67-73　1985, 日本土壌肥料学会昭和60年度大会】

2.8 棚田サミットに寄せて

(1) 良質米生む千枚田

輪島市で8月31, 9月1日の2日間, 第7回全国棚田サミットが開催された. サミット開催を記念して, 開催地である輪島の千枚田について述べてみたい.

千枚田地区は, 能登半島外浦で輪島の東方10kmにあり, 標高100～200mの山々から流れ落ちる幾本かの沢の1つをはさむように位置している. 日本海を前にした北向き斜面において30～35度の勾配で国道249号をはさみ, 水田は丘陵地を背にして, 海岸付近より標高約60mのところまでにある.

この海沿いに現在約800枚ある棚田状水田が通称「輪島の千枚田」. 1.5ha程度で, 明治の初めごろには2,000枚余, 約2haあったと言われている.

現在, イネ作りは主に白米集落19戸の人々によって行われているが, 飯米や縁故米作りが主で販売用はわずかである. しかし, 集落は林業や和牛の子牛肥育, 出稼ぎ, 地域外労働など農外収入によって支えられてきた.

近年, 農業現場における就業者の減少が, 農産物の販売価格低迷とともに全国的に問題視されて久しい. 当該棚田地区における営農従事者の確保は難しく, 老齢化と農繁期の人手不足から, 約3分の1を占める水田面積が一般市民ボランティアや農業団体職員らの援農でイネ作りが維持されているものの, 従来のような管理が十分に行き届かないのが現状

少ない面積にもかかわらず, この地域で収穫される米はおいしいとの評判がある. ちなみに, かつて輪島の旦那衆に納められた年貢米には, 千枚田の輪島側山手水田で収穫された米が指定されることが多かったと口承され

ている．そこで筆者らは1996（平成8）年，約300m^{2}に1点の割合で27カ所について水田表土の理化学性を調査し，千枚田の土壌と収穫される米との関連性について検討し，以下の特徴を明らかにした．

土色は，全般に暗褐色の所が多いが，東側（珠洲市寄り）では明るい色の所が多かった．土の性質は，粘土の含有量が多く，重粘土や軽埴土が広く分布した．土の粒径組成は粗砂27.8％，細砂22.0％，微砂24.1％，粘土26.1％であった（例）．

土壌pH（酸度）は4.0〜6.4の範囲であった．稲作上大切な土の肉に相当する腐植の含有率は平均3.9％であり，約5％の「腐植が富む」状態の所が4分の1を占めた．土壌診断基準では，埴壌土の場合，腐植含有率は3％以上であることが望ましいとされている．

位置との関係では，輪島市側の水田における腐植含有率は珠洲市側の1.5倍から2倍であった．この結果は，土色に対応しており，明るい土色の珠洲市寄りに比べて暗褐色の輪島市側で腐植含有率が高い傾向にあった．輪島市側の水田は特に米がおいしいとされている理由は，この土壌腐植含有率の高さによるものであろう．

窒素含有率は平均0.21％で，加賀平野の水田に比べて50％程度高く，土の有機物含有量は総じて多かった．米の品質向上に欠かせないリン酸含有量も土壌100g当たり平均68mgと多かった．この調査で，千枚田の土がおいしい米作りに適した環境であることが証明されたと思う．

【北國新聞 2001年9月4日朝刊に概要掲載】

(2) 着目すべき貯水機能

輪島市の千枚田で稲を育てるには，手間暇がかかる．あぜや斜面などの草やわらを田に入れる．がけやあぜの表面を削り，田に散らす．はさがけの自然乾燥なども部分的に行われており，おいしい米ができる要因にもなっている．

千枚田の農業を維持していくことで得られる地域的な効果として，次のことが上げられる．

第Ⅱ章 水田環境

①集落の維持と過疎化を防ぐ②稲作をはじめ，農業の基礎的な知識・技術が継承される③汚水などに影響されない安全な米や野菜が生産される④地滑り，傾斜地の防災保全に役立つ⑤教育と啓蒙の効果⑥四季に応じた景観が確保でき，観光にかかわる雇用と収入が得られる．

特に④の傾斜地環境の防災保全に役立つという効果は重要である．表土流失，がけ崩れなどにより，泥が沿岸の海へ流失すると，ノリやアワビ，サザエなどの漁場が消失する．千枚田の棚田では，1枚1枚の田にあぜ塗りするとき，水口と水止尻の作り方は，これらが平面的に重ならないように配置される．用水と肥料成分量の節約，汚水浄化と大雨洪水時の水田による流水の速度を緩め，あぜの決壊を防ぎ，貯水機能の効率化などに役立っていることが良くわかる．

今までのところ，輪島の千枚田地域は，集落の共同作業や行政の間接的支援などで維持されてきた．しかし，特に「農が壊れる」という言葉に象徴されるように，農林業を取り巻く国内外の状況では，これからもその生産環境を確保していくには，何らかの支えが必要と思われる．

たとえば，労力を補うとか，販売価格や所得を保証することなど実のある支援が必要であろう．全国棚田サミットを機に，千枚田の環境支援に対する県民の理解が深まることを期待したい．

【北國新聞2001年9月11日朝刊に概要掲載】

2.9 期待される不耕起農法
－従来の水田作業風景，一新－

現在のイネ作りでは土壌の老化が進み，地力の消耗が著しく危惧される場合が多かった．ところが土にやさしいイネ栽培法が考案された．土を耕起せずに田植えをする「不耕起農法」である．この方法は従来のような泥まみれの水田作業がなく，全国的に注目されている．今年，石川県でも川北町橘などの水田で試みられ，上々の成果をあげたことが本紙で報道された．

この方法の基本的な機械作業の原理は，刃状の円盤を土壌表面へ垂直に回転させて連続的に深さ5cm程度の切り溝を作り，その中にイネ苗を機械的

2.9 期待される不耕起農法

に一定間隔で植えてゆくのである．根は活着と同時に，多くは前年の根が腐ったあとのすき間を地中深く伸びていく．古いイネの根は有機質肥料と中に隙間を作る役割を果たすのである．他方，土壌は透水性と有効水分の保水性が向上し，粟おこし状の団粒構造に近づく．また土壌表面が耕起されないため，わらやイネ株が微生物の栄養となり，これらの繁殖を促すため雑草の生育も抑えられ，結果的に大気中の窒素をより多く地中に固定する．いわば自家製窒素肥料工場となるわけだ．ちなみに微小生物などが多いので，タニシやトンボが慣行の水田より多くなり，ツバメも田面上をよく飛来するようになる．

土の断面は今までの水田に比べ，耕耘した層としない層の境がなく，全体が一層となる．また慣行田に比べてわらの表面施用，たん水，有機物生成促進などにより，土壌の地力減退や老朽化が抑えられる．

イネの根が掘りごたつに足を伸ばしたように地中へ深く伸びることから外気が冷たくても素直に根が伸び

図2.20 不耕起によるコシヒカリの栽培例．移植栽培よりやや収穫期が遅くなるので，収穫期の分散にはよい（富山県小矢部市長）．

表2.5 不耕起有機栽培イネの収穫時の状態

	供試品種		
	コシヒカリ	日本晴	カグラモチ
最高草丈（cm）	104.7	97.7	102.0
株当たり穂数	22	20	23
1穂当たり着粒数	51.3	72.7	132
登熟歩合[1]（%）	98.1	92.6	71.6
精玄米1000粒重	20.7	25.4	18.4
10a当たり収量[2]（kg）	555	720	722
3.3m^2当たり栽植密度[3]	80	70	60

[1] 1.06食塩水比重選
[2] 収量構成要素からの算出
[3] 試験圃場規模はコシヒカリ10a，日本晴20a，カグラモチ15a

やすい．このため平成5年の冷害下，東北地方でこの栽培法のイネは減収割合が少なく，一躍注目されるようになった．この方法では，土壌が受けるストレスが少なく，作業する人も管理，刈り取り作業がしやすい．また低農薬栽培が可能で，従来の方法より有機栽培の環境でもある．秋の収穫は慣行の田と差が少ない．今までより少ない経費と労力でイネが作れ，土壌環境の保全に役立つこの農法の発展に今後，現場から大きな期待がかけられている．

【北國新聞1994年10月3日朝刊に概要掲載】

2.10 街の灯が見える棚田
－今，千枚田で進んでいること－

(1) 田へ侵入するクズ

　金沢まで車で約20分，街の灯が見えるところにきれいな棚田が並ぶ．加越の境，倶利伽羅側に全国棚田百景の一つとされるところがある．耕作をされる方々の話によるとかつては，全面イネの作付けをしていたが，現在は休耕や転作で大体半分程度しか水田としてイネ栽培が行われていない．隣接する山地からクズやススキなど生育旺盛な草や低かん木が水田，棚田部分の休耕地へ侵入しつつある．3～4年間休耕が続くと水田への復帰は大変困難になると言われる．…雑草や木の根が土の中に深く入りこみ，水漏れを促すたての隙間が増加し，あぜの崩壊が多くなるなどのため（図2.21）．

(2) 放棄を促す原因と背景

　このように里山の千枚田，棚田が耕作されずに荒れ果てる現状の原因は，①今まで農作業に従事された方々の老齢化，②若い方々の街部へ勤務等で離れたことによる労力不足，③水田の30％減反で稲作が全部できない，④米価も低くなりつつあり，また他の転作で畑作物などを栽培しても輸入農産物の影響などで，労働に見合った農産物販売収入が見込めない，などが主にあげられる．

特に①,②の老齢化と労力不足は,耕起,収穫作業など農業機械を使用する作業では,傾斜地を含む水田環境において物理的に安全作業が保障できないこと,人手を要する用排水の維持管理,がけ部分の草刈り,防除の際などに『十分できない』形で影響する.

(3) 平地の水田を減反してまで棚田で水田を維持しなければならないの?

現在日本では米消費の減少と輸入米の影響で約30％の水田面積が米以外のものをできれば作るという減反政策が行われている.個別水田所有者に対しての実施であるため平野,里山,山地などの区別はない.平地に比べて棚田におけるイネの栽培はハサ干し乾燥,もみすりに象徴されるように約1.5〜2倍の労力がかかる.しかし,米価が1.5〜2倍ではなく同じ.であれば手間のかかる棚田のイネ作りは全面休み,その分は平地で実施した方が良いのでは,このことは政策調整などでできないかとの率直な問いが起る.しかし,地域で居住する人,財産の維持,米以外の選択作物栽培の指導と販売などがからみ簡単には進みそうにないのが現実.

(4) 棚田維持のよいところを継承

棚田,千枚田の米は一般に粘質な土壌で,きれいな水と昼夜寒暖の差が大きいところで栽培されるためおいしい.また,平地に比べて人力にたよる部分が多い農作業にはイネ作りの原点とみられる88の作業に近い春から秋にかけての農地と水を利用し,肥料,草刈り,防除等を施し食料の生産がよくわかる啓蒙的な面がある.農業領域,特に経済的に不利な環境,棚田でのものづくりの継続は,技術の継承やリフレッシュ教育などに応用されるとその総合教育効果が高いとみられる.したがって,棚田の全部を維持するのは無理としても,選択的維持と管理を地域の地理を配慮して行政,消費者の協力で期待したい.すなわち,まず維持には金がかかる.草が入らないように田を継続管理する.シルバーや若い人が短期,長期で作業支援できる.再生産が保障される価格でおいしい米が販売される.などの理解

第Ⅱ章　水田環境

と個別協力体制ができるところから進行することが望まれる．ちなみに，しめ縄などに使われる輪島の千枚田のワラは，長くて丈夫で性質がよいため1束（約100株分）140円以上するとされる．すでに，平地では大部分ワラは，田んぼで刈取り時に切り散布されるため，使いワラが少なくなった．すなわち，10 a 当たり米の収量60 kg入り2俵分相当までにワラの値が高くなったことを示す．

図2.21　金沢の街が見える加越県境の棚田．4年前までは奥は水田であった．クズ，ススキなどがおおい茂る．手前休耕（石川県河北部津幡町九折：2005年8月）.

これは，ケイ酸や微量要素が多い土壌で育ち，倒れていない千枚田のイネの性質を反映している．意外にも棚田の水田維持が大切であることの一端を現している．

コラム2.1　千枚田の援農に参加して

雨の予報を聞くたび，私は祈る気持ちで空を見やっていた．折角のこの機会を雨で台無しにされてたまるか．そんな気持ちであった．

米の栽培といえば，小学校の頃，社会科の学習で，山形県の農業試験場へ質問したことがある．その際に，思いもかけず，クラス全員分の「はえぬき」のバケツ栽培キットを送っていただいた．私も実際にやってはみたものの，収穫直前になって全てスズメに食べられてしまったのだった．以前に農業体験をしたことといえばこれくらいなのである．千枚田へ行くからには，よい体験としてしっかりと思い出に残るようなものにしたい．こう祈って，いざ当日を迎えた．

金沢駅で長谷川先生の車に乗せていただき雨雲の切れ目を探して能登を目指す．幸

図2.22　棚田の管理が手薄となり雑草とイネのより分けにより，刈取り作業を進める援農隊（輪島市白米：2006年9月23日）.

いにも，現地へ着く頃に雲は薄くなっていた．私はそれが嬉しくて，勇んで棚田に出掛ける準備をした．肌寒い天候ではあったが半袖・半ズボンでも十分暖かであった．

　全てが初めての体験である．苗を取り分けてもらうのも，畔を裸足で歩くのも，たがやされた田んぼに入るのも，苗を植えつけるのも，全てやったことがない．緊張というより教えてもらったことがないので戸惑うことが多かった．要領がわかってきた頃に，もうほとんどの棚田には不安気に立ち尽くす小さな苗たちが植わっていた．

　日裏さんのお宅でお話を聞き，本で読んだ「その土地に見合った農法」の重要さを再認識することができた．臨海の斜面での農業には手間がかかる．しかしそれは完全な不利ではなく，「土地に合った農法」なのであって農耕放棄に結論づけるには早すぎる．しかし千枚田では後継者不足が深刻な問題だと見受けたが，これも現代で専業農家として生活するには収入面で厳しい状態にあることを反映しているのだという気がする．将来自分がどんな進路を選択するかまだわからないが，大学に在籍する間はきっと千枚田を見守ってゆきたい．

【石川県立大学1年 Y.m】

2.11 米減収 3つの理由
－土壌の体力不足・稲穂への栄養不足・早すぎた落水時期－

　今年も田植えの時期を迎えた．昨年は水稲収量を示す都道府県別作況指数（9月15日，農水省）が103から107と良いところが多く，低いのは101が二県，99が一県だった．石川県はこの低いなかの一つに入っている．

　好天に恵まれて，台風などの災害が少なかったのに，米の収量が相対的に低かった原因として，一般に日照り続きの高温気象，一時に比べて70％という米価低迷による農業者の生産意欲減退，高齢化などに伴って田を世話する人が減ったこと，稲作指導者の目が行き届かなかったこと，などが挙げられる．

　私は科学的に地域で観察された事象から，①土壌の体力不足②稲の穂が出たあとの栄養不足③落水時期が早すぎたことなどに象徴される管理

図2.23　乗用田植機によるイネの機械移植を学ぶ石川県立大学学生（2006年5月）．

不足などが潜在的に大きく影響していると見る．

(1) 腐植や粘土

　県農業短大には約2ha余の教育実習用の水田があり，今まで平均10a当たり500kgの収量だった．昨年はこのうち31aの大きな水田でコシヒカリが10a当たり650kg相当のまれな多収が確保された．田植え時一回のみの肥料施用で，気温上昇と稲の生育に対応して窒素分が肥料粒子からゆっくり放出され，稲へ供給される環境保全型の肥料を使った．外観上の多収要因は，倒伏せず，面積当たりの穂数が多いことであった．

　この多収コシヒカリを支えた田の状況を調べたところ，次の特徴が分かった．地表下約90cmの深さまで礫がなく，根が伸びることのできる作土の厚さは約60cmと厚い．土質は手取川扇状地水田の多くが砂の多い砂壌土なのに比べて，粘土分が多く，土壌の土色が褐色，黒褐色と土の肉に相当する腐植の成分が他の一般水田より多く含まれていた．

　水田造成時，隣接する上の田から表土部分を厚く上乗せ盛り土した影響も表れている．この腐植や粘土が相対的に多いことが，長く日照りの続いた昨年には水がめダム機能，養分，ミネラルの持続的供給を可能にし，干害を回避したのである．

(2) 用水路の整備

　昨年は高温，多照続きであったため，稲の穂が出た後も平年に比べ体が消耗しないように出穂後10日目ごろまでに窒素肥料施用（実肥）をする必要が場所によってはあった．この実肥施肥が配慮できなかったため，収穫時まで健全な多収イネの体を維持できないものもあった．他方，日照り続きの水田は収穫近くまで水の供給が配慮されておれば，稲の体力消耗も軽減された．灌漑用水路などの整備がなされているので，水路末端の農業者が水管理に平年よりやや手を加えておけば，結果が好転したと思われる．

　以上のように土の肉と言える腐植，有機物や粘土の部分が相対的に少なく，肥沃度が低い水田の土壌環境下で，穂が出た後の栄養・施肥の配慮が

足りなかったこと，後期水管理の手が伸ばしきれなかったことなどが，低収要因となっている．

　冷害や日照り，干害など極端な気象変動に柔軟に対応できる土壌をつくるためには，やせた土を黒褐色で腐植に富んだ土に改良することが基本であり，このことが健康な作物体の維持や管理作業能率，収穫物の品質などの面で，いずれもプラスに働く．昨年の地域稲作結果を契機に，作物の根を支え，安全な食料と健康を守る永続的な水田の環境と米づくりの大切さを今年の田植えへ配慮していただければ幸いである．

【北國新聞2001年4月30日朝刊に概要掲載】

2.12 米ヌカを有機米づくりに使う

　玄米中の米ヌカ部分は，一般に精米によって約一割弱分別されるもので，米ヌカ油，ヌカ漬，飼料他に利用される．稲作農家では，古くから水田はもとより畑の野菜づくりなどに使う有機質肥料や堆肥づくりに用いられてきた．ところが，化学肥料や農薬を使用せず，安全，安心な米づくりを目指す農家の中で有機質肥料に加えて米ヌカに水田除草の役を任せることが使い方によっては大丈夫ということが分かった．前者の肥料効果は米ヌカ中の肥料分が窒素約2％，リン酸およびカリ各2〜3％，カルシウム1％弱，マグネシウム1％強それぞれ含まれているので理解できる．しかし，「除草剤の代替機能がどうして？」の疑問が起る．この理由の科学的解明がなされ，さらに使用が広まりつつある．すなわち，水田の田植え後，1週間前後に10a当たり米ヌカが60〜150kg施用される．米ヌカはその中に約20％の脂肪分を含み，水をはじく撥水性もあるので水中へすぐ沈まない性質を利用し，田の水口から用水上に米ヌカを時間をかけて落すと田面水の運搬，拡散作用によって，ほぼ田の全面に広がる．一部の届かなかったところは，あぜ上から手まき散布し補う．ゆっくり沈降した米ヌカは，図2.25の表面酸化層に堆積する．さらに，微生物により分解し，生じる有機物たとえば次の低級な有機酸などが抑草の性質を発揮し，雑草の発芽，生育を抑えるわけである．

第Ⅱ章　水田環境

酢酸　　　　　　　CH_3COOH
プロピオン酸　　　CH_3CH_2COOH
酪酸　　　　　　　$CH_3CH_2CH_2COOH$

ちなみにこの際，米ヌカ分解によりまわりの酸素が利用されるので土壌表面は酸欠，還元状態に変化するので先の抑制効果は増す．また，完熟堆肥や油かす，ぼかし肥料などを施用した場合に似て，湛水土壌圏の有機物が富化されるため，これをエサ（エネルギー）として消費する微生物，微小動物が増え，これらの糞などの増加によるとろとろな層の発達と，この層への雑草種子の埋没などが起り，結果的に田んぼで抑草除草と自給性有機質肥料の製造と利用が

図2.24　米ヌカは堆肥製造の上で，農村では必須の資材．おから，もみがらを加え堆肥化したものを散布している（富山県矢部市長：2007年3月）．

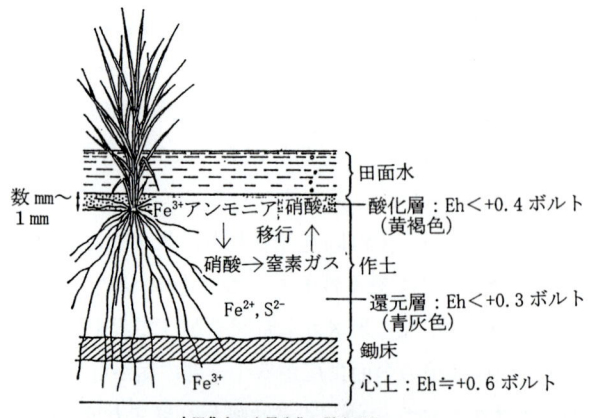

水田作土の土層分化と脱窒現象
作土とは，水田表層土で，毎年耕起され，肥料が施用されて水稲の根が主としてはこる部位である．有機質肥料，植物遺体の集積によって微生物の基質となる有機物に富んでいる．

図2.25　水田の酸化層，還元層と脱窒現象が起きる位置．
〔出典：土壌微生物研究会編「土と微生物」p.45 岩波書店（1996）〕

田面水
数mm～1mm　Fe^{3+} アンモニア：硝酸塩　酸化層：$Eh<+0.4$ ボルト（黄褐色）
↓移行↑
硝酸→窒素ガス　作土
Fe^{2+}, S^{2-}　還元層：$Eh<+0.3$ ボルト（青灰色）
鋤床
Fe^{3+}　心土：$Eh≒+0.6$ ボルト

進行することになる．なお，図中の酸化層，還元層における物質変化は水田，湿地環境の様子を理解するのに便利で，特に窒素化合物の動きや温室効果へ寄与するメタンの発生する経過が分かりやすい．

注）米ヌカ中にも含まれるビタミンB_1

　炭水化物の代謝に関係し，これが不足すると，脚気のほかに，しびれ，筋肉痛，食欲減退，神経症状などをおこす．脚気は，末梢神経に冒され下肢が麻痺することにより，脛下に不腫をきたし，歩行困難となる病気．ひどい場合には，急性の心臓障害を起こし，呼吸困難となって死に至る．

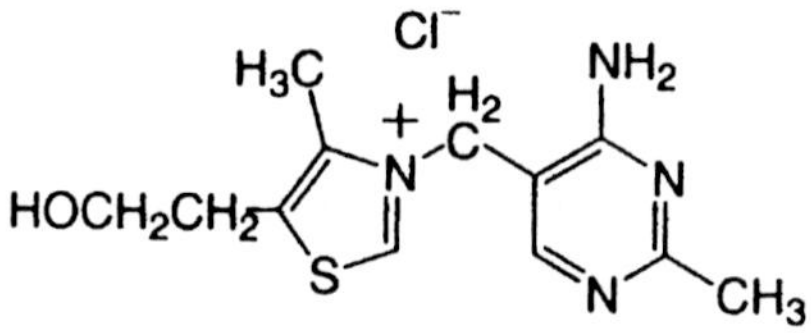

図2.26　ビタミンB_1．

【出典　西條敏美　先人たちの足跡第16回；鈴木梅太郎　化学 vo.157No.4 p.59（2002）】

参考2.1　米ヌカ成分の研究と鈴木梅太郎のオリザニン

　…明治時代になって日本は近代的な軍隊を作ったが，兵士に白米食を採用したため脚気にかかるものが続出した．海軍は軍医総監の高木兼寛が白米食をやめ，麦飯を混ぜたため脚気をほとんど完全に追放した．ところが陸軍は軍医総監の森林太郎（文豪の森鴎外）が東大医科の緒方正規の脚気菌説を信奉していて，いつまでも白米食をやめず，日露戦争のころまで何万人という犠牲者を出していた．…

　…鈴木は先人たちの研究から米ヌカの中の栄養上必要な成分が化学的に抽出できるのではないかと考えた．彼は米ヌカをアルコールに漬けて，浸出液成分に脚気に対して強い効果のある成分を認めた．この有効成分をリンタングステン酸（タングストリン酸）の沈殿に濃縮することに成功した（1910年）．結晶化には至らなかったが鈴木はこれこそ脚気に直接かかわる物質だと確信し，オリザニンと呼んだ．従来の四大栄養素（糖質，タンパク質，油脂，無機塩類）だけでは動物は生存できず，第五の栄養素が必要かも知れないという憶測が当時あったが，それを実証した最初のものである．

【出典　吉原賢二　第五の栄養素ビタミンの発見─鈴木梅太郎と弟子たち・理研を支えた実学的化学者　現代化学 2005年4月号 p.18 − 19より】

参考2.2　カネミ油症の診断基準を23年ぶりに改定
―古江増隆教授―

　血液中のダイオキシン濃度を新たに基準に加え未認定患者救済に道を開いた．

　約14,000人がダイオキシン類の混じった米ぬか油を食べ，発疹や頭痛など体の異常を訴えた．現在までの認定患者はわずか1割強．多くが置き去りにされ，認定されずに死亡した人も多い．だが改定が遅すぎたとの批判には「ダイオキシン類を測定する技術が進んだ今だからこそできた基準」と反論する．41歳の若さで九州大皮膚科学教授に．翌年の検診で初めて油症患者を診察した．

　科学者らしい冷静さを常に忘れないが，今も苦難と闘う油症被害者の現実には「あまりにも理不尽．罪もない人たちがなぜこんな目に遭うのか」と憤る．

【北國新聞2004年11月5日きょうの人欄より】

参考2.3　米の需要減→食生活の変化→糖尿病・亜鉛含有食材

　第2次世界大戦後から今日まで日本人の食生活は飢餓から飽食へと変わり，その間，米の需要減と動物性食品（牛乳，乳製品，肉類）需要増が長寿化を支えているといわれる．しかし，この食生活の変化で今まで少なかった疾患として心臓，脳血管系疾患，がんや糖尿病が注目されるようになった．これらは食生活に基づくことが多いため生活習慣病と呼ばれている．なかでも糖尿病は約1,400万人に達するとみられている．糖尿病はインスリン依存型の1型（全体の5％）と，非依存型の2型（95％）に分けられ，この2型は肥満，ストレス，運動不足や老化が原因とされ，インスリン分泌量の不足とインスリンの作用障害に基づいている．この治療には運動療法とともに合成薬剤の投与やインスリン注射が用いられている．

　薬剤の場合には副作用の問題が多いため新しいタイプの治療薬の開発が望まれている．亜鉛の糖尿病に対する機能に注目している桜井らの研究によるとZn錯体を実験糖尿病動物に投与したところ治癒したことを報告している．ちなみにZn欠乏では小人症，脱毛，味覚嗅覚障害，腸性肢端性皮膚炎の原因となり，Znを多く含む食品には魚介類，海藻，肉類，穀類，豆類などがある．

【参考：桜井弘 Znを含む新しい抗糖尿病錯体，化学57巻 No.4 20－24（2002）】

2.13 地力を高める作物の利用

圃場の外から良質の堆肥，有機物を入れるのは労力，費用の点で考えるという人に好都合な地力富化の方法として圃場に地力増強作物を栽培し，刈り取り，土へすきこみ還元する方法がある．この方法では，圃場内で有機物を生産・還元し，土の理化学性と生物性の改良を図ろうとするものである．

表2.6 作物名と生産量

	作物	生産量
夏作物	ソルガム（イネ科）	1823
	トウモロコシ	1270
	ヒマワリ	1151
	スーダングラス（イネ科）	867
	青刈大豆	854
	セスバニア（マメ科）	713
	リョクトウ	516
冬作物	イタリアンライグラス（イネ科）	1549
	オオムギ	902
	アカクローバー	829
	レンゲ	376

作物名と生産量（例10a当たりkg，山口農試調）は，表2.6のとおりである．

草種と根の分布について調べられた結果では，ソルガム（イネ科）は作土に分布しているのに比べて，ギニアグラス（イネ科）やピジョンピー（マメ科）は下層土に根が伸びる割合が高く，下層土改良の効果が期待されている．また，セスバニアは北陸農試の調査によると重粘土水田において下層土の脱水，酸化作用のあることが報告されている．

【参考：環境保全型農業大辞典 p.216～219 農文協（2005）】

2.14 マメ科植物による減肥・抑草の利用

レンゲ，クローバーに代表される全面を覆う勢いで生育するマメ科の植物は，根に付着する根粒菌の働き，空中窒素の固定能により，地上部の茎葉部はもちろん根部の窒素を含む有機物は，刈り草やすき込みによって土壌肥沃度の向上に役立つ．

ちなみに，農林水産省四国農試の研究成果によるとマメ科のヘアリーベッチは，レンゲよりも窒素固定量が大きく除草効果もあり，水田にすき込んだ場合，10a当たり7～15kgの窒素供給量が期待できると報告されている．

安全，安心な食材を圃場から生産する場合，化学肥料や除草剤をできるだ

け使用しないで収穫する具体的現場の対応技術としてこれらマメ科の植物利用は，工夫次第で低コストな有機農業技術の1つである．

ちなみに藤井ら※は，ヘアリーベッチを10月に10a当たり4kg播種し，翌春の田植え1週間前に入水し，不耕起で五葉苗（中苗）を移植する不耕起栽培法を提案している．

これによると除草剤，化学肥料を使用せず水稲栽培が可能で，雑草抑制効果の高いことを報告している．
【※文献．藤井義晴他5名．ヘアリーベッチを利用した不耕起稲作法による雑草抑制効果．2006年9月日本土壌肥料学会秋田大会ポスター発表】

図2.27 大豆，レンゲなどマメ科植物，根粒菌を根に持つものは窒素肥料工場を自前で所有しているため，土壌が肥沃化し，減肥に役立つ．水田転畑大豆の刈取り作業（富山県小矢部市長）．

図2.28 レンゲ（紫雲英）は根粒菌を有し土壌を肥沃にする．美しい花ははちみつに，茎葉は緑肥にすべて利用される（中国河南省，榎本俊樹氏提供）．

2.15 まこも

地下水位が高かったり，沢の部分から常時水が少しずつ流入する水田は，休閑期土壌がいつも過湿状態になっており湿田とされる．このような水田では，水稲の減反政策が導入されて以来，水稲以外の転作作物として何を作るかは関係者にとって関心事であった．レンコン，セリ，ハトムギ（通称じゅずだま類）などが適応作物（例）として栽培されている．これに加えて北陸地域の里山，石川県河北郡津幡町では，まこもが導入され，商品化へ

努力が払われている．(図2.29)

まこもは，水生植物で草丈が2mを超え，株をつくる．分けつ性のイネ科大型植物である．宿根性でケイ酸の吸収が相対的に多いため，耐病性が大きいので管理が比較的楽である．栽培は，イネの苗を移植するように株分けした苗を5月に約2m間隔に植える．収穫は9月(早生)〜11月(晩生)に，株元のタケノコ様部位を堀り取る．

図2.29　まこもの生育．
(石川県河北部津幡町，大坪，池内良輔氏)．

食味は若いタケノコやアスパラガスに似ており，茹でてさしみ，天ぷら，マヨネーズを付けてサラダ，煮物，味噌汁他の調理を経て食べられる．粗収入は10a当たり5〜6万円から70万円程度と収穫物の品質により消費先が選択される．今後さらに食べ方の指導，加工等の工夫と普及が望まれている．

茎葉の部分は古くから神事に使われているところもある．また，茶やアトピー性疾患回避，軽減のため住居用の材料，健康補助材への使用もみられる．機能性成分の解析と利用については，研究の発展が待たれる．

参考2.4　畑の肉

　水田転換畑に大豆が栽培されるようになって久しく，また大豆の栄養価の高いことは周知のとおりだが，灯台もと暗しで外から指摘され認識を新しくした点があるとされる．すなわち，1873年の万博（ウイーン）に出品された日本と中国の大豆成分をオーストリアの学者が分析したところ，肉に並ぶタンパク質含有量の高い植物だと指摘され「大豆は畑の肉である」との評価が生まれた．ちなみに日本産大豆100gあたりのタンパク質は35.3gで，豚ロース13.9g，和牛サーロイン11.7g，アジ20.7gなどより多い．加えてタンパク質を構成する必須のアミノ酸バランスも良いとされる．

豆類栽培のメリット

　豆類は根に根粒菌を保持し窒素肥料を空中から固定し土に供給，肥沃化を促すほか，他の穀類に比べて根が土中深くまで入ることができ，水分を吸い上げることが可能で混作できる．また干ばつに強く，少ない水で生育できることは土地利用，作付け配置上，十分に配慮されてよい．

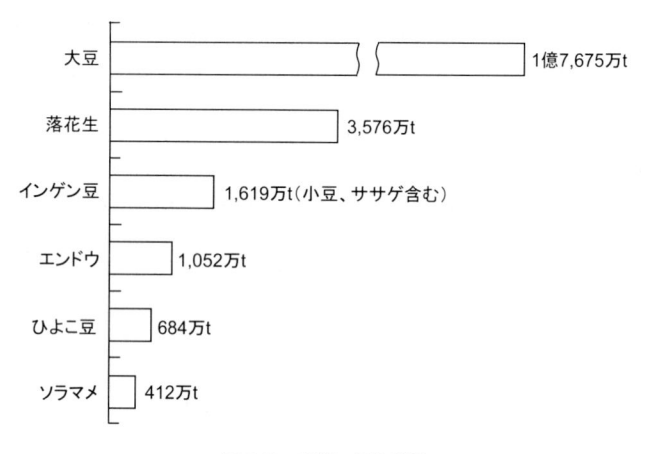

品目	生産量
大豆	1億7,675万t
落花生	3,576万t
インゲン豆	1,619万t（小豆、ササゲ含む）
エンドウ	1,052万t
ひよこ豆	684万t
ソラマメ	412万t

図2.30　世界の豆生産量.

【参考文献「世界の食文化」北陸中日新聞2004年1月25日】

参考2.5　体内の脂肪や血栓を洗い流す，血管の掃除屋さん

豆類に多く含まれるカリウムには血管内の水分を排出する役目があるので，豆類をたっぷり取ることは血圧を正常に保つための健康的な方法とされる．またゆでたときに泡立つ泡はサポニンという成分で豆が持つえぐ味や渋味の正体．この成分は体内の脂肪や血栓を洗い流す効果があるとされる．大豆の脂質中で重要視されている成分がレシチンで，水に親和性があり，そのため体に不必要なコレステロールを水に溶かし，さらに血中コレステロール量の調節，分解をするため血管の掃除屋さんとも呼ばれている．

【参考：吉田企世子監修　よく効くおいしい豆，豆製品　同文書院　(1999)】

2.16　栽培する作物を選ぶ
－機能性食品との関連で－

　生物が生きるために必須な活性酸素は，エネルギー取得や体に入る病原菌・ウイルスを殺すことなどに必要であり，ホルモン合成にも重要な働きをしている．他方，過剰に生成された活性酸素は調節を失って生体成分に損傷を与え，究極，ガンや動脈硬化症，糖尿病の合併症などの生活習慣病やアルツハイマー症，パーキンソン症など多様な病気の原因になると推定されている．

　ちなみに，老化につながる生活習慣病，ガン，動脈硬化，糖尿病などの予防に関心が向き，とりわけ食事に際して抗酸化性の機能をもつ食材，食品が注目される．抗酸化性機能を持つ物質（例）としてアントシアニンが注目されており，これを含む物質例（種子）は次のとおりである．

穀類：黒米，赤米，紫トウモロコシ
豆類：インゲン豆（赤，黒），黒ダイズ，
　　　アズキ，ササゲ
果実類：オリーブ，プルーン（西洋スモモ），アセロラ，ハスカップ，パッション
　　　　フルーツ，ブドウ，ブルーベリー，マンゴー

表2.7　ゴマリグナン類の生理機能

セサミン
●肝機能改善●乳ガン抑制 ●コレステロール合成・呼吸阻害
セサミノール配糖体
●脂質過酸化抑制●動脈硬化抑制 ●糖尿病発症における酸化ストレスの低減
セサミノール
●脂質過酸化抑制●LDLの酸化抑制 ●トコフェロールへの相乗作用
セサモリン
●生体内抗酸化●動脈硬化抑制

図2.31　ゴマ．7～8月に花がさき，秋に実る（南砺市にて）．

　また，古くから体によいとされてきたゴマはこの中の，ポリフェノールを骨格とするゴマリグナンの機能（表2.7，図2.32）が注目されている．

　健康食品"セサミン"の名前で市販されているものはセサミンとエピセサミンの混合物であり，強い生理活性を持つ．

　このように今まで科学的に解明されていなかった食材成分の人体に対する機能が保健がらみで次々解明さ

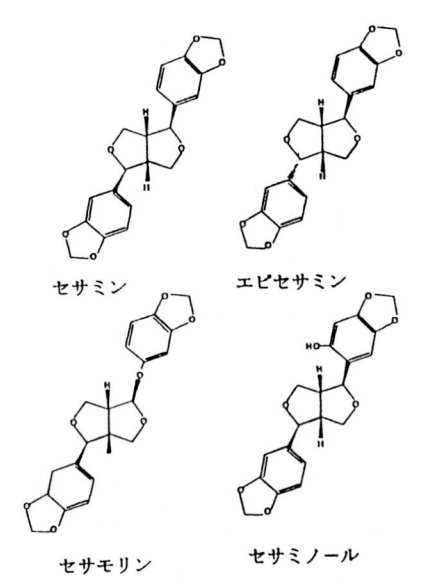

図2.32　ゴマリグナンの構造．

れると，農業の生産現場では将来的に需要が長く見込める種目への栽培にも関心が向く．この際周知のように土質，立地，労力，輸送費など農業における今まで配慮されてきた基本的視点は当然必要．

【参考．出典　上野川修一，今井悦子，食品の成分と機能，p.140～163，放送大学教育振興会（2003）；井手隆：各種ゴマリグナンの生理活性と生体内代謝；食品総合研究所成果情報（2005年度）より】

2.17 菜の花などから生まれるバイオマス燃料(例)

　地球温暖化防止対策として色々な方法が検討されている中で，休耕の畑や水田転換畑などに菜種を栽培しその花を咲かせ種子から油を搾油し，これを今までの食用以外に農業用トラクターなどエンジンの燃料として利用することが行われている．これによるバイオディーゼル*の燃料コストは，l当たり400〜500円と高くつき，廃食用油の100円以下に比べても今後のコスト低下策が課題とされている．

(*3分子の脂肪酸に1分子のグリセリンが結合したトリグリセリドをアルコールでエステル

図2.33　バイオ燃料にも注目されるサトウキビの収穫作業（沖縄県石垣市：2005年12月）．

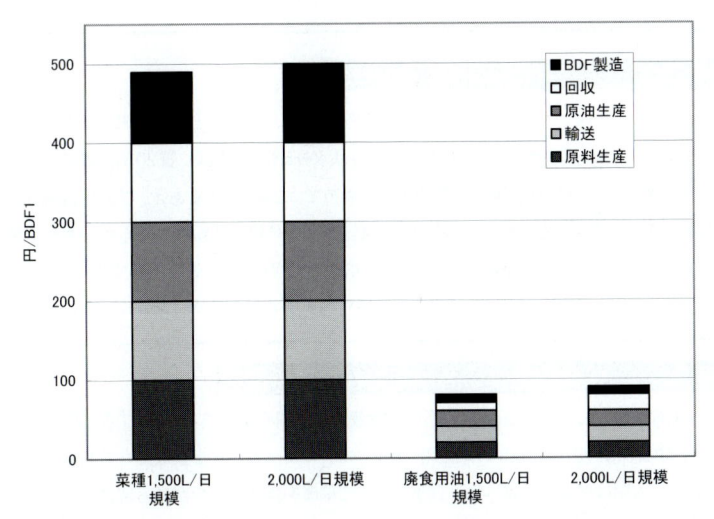

図2.34　国内の遊休地を利用した菜種新油および廃食油を原料としたバイオディーゼルの燃料コスト．
出典）NEDO「バイオマスエネルギー導入ガイドブック」および経済産業省総合資源エネルギー調査会石油分科会石油部第11回燃料政策小委員会配付資料「国産バイオマス燃料の供給安定性および経済性」(2003.9) より．

交換あるいはトリグリセリドから遊離した脂肪酸をアルコールでエステル化した脂肪酸メチルエステルFAME.)

植物油やそれらの石油混合燃料はバイオディーゼルと言わない.

バイオディーゼルの原料油には大豆, ヒマワリ, ナタネなどの種子油, トウモロコシや米などの胚芽油, パームやオリーブなどの果肉油のほか豚脂, 牛脂, なども利用されている.

表2.8 試算のケース分けとコスト算定対象

			原料生産	原料輸送	原油生産	回収	BDF製造
1	菜種からのBDF生産	大規模（1,500L/日）	○	○	○	○	○
2		小規模（200L/日）	○	○	○		
3	廃食用油からのBDF生産	大規模（1,500L/日）			×	×	○
4		小規模（200L/日）					○

参考2.6　ゴマ (sesame seeds)

ゴマの原産地はアフリカとされ, 日本へは天平時代, 仏教とともに渡来したといわれている. 種の色により黒ゴマ, 白ゴマがある. 成分は水分5％, たんぱく質20％, 脂質52％, 糖質15％である. ゴマはその風味を賞味されるもので, ごま塩, ごまあえ, ごま豆腐あるいは製菓用として使用される. ゴマから搾油するにはゴマを焙焼して粉砕したものを蒸気で蒸してから圧搾する. ゴマ油は風味を重んずるので焙焼の工程がある. この工程で香味が生成する.

【出典　三田村敏男他著　食品材料学 p.62 学文社（昭59）】

参考2.7　保健機能性の高い栽培作物等の開発

水稲の減反がらみで付加価値の高い作物栽培への関心が集まる. ちなみに巷でサプリメント（栄養補助剤）など簡単に栄養素, ビタミン, ミネラルなどを摂取できる商品への関心も高いが, 人間は保健上, 食べ物, 食事によって健康を維持するのが最も望ましいとされている. この点への反省から各方面で多様な健康機能を保持する作物品種の開発, 創生が盛んに行われている. 農林水産省から公表されている作物（例）は表2.9の通りである.

2.17 菜の花などから生まれるバイオマス燃料（例）

表2.9 健康機能性に優れた開発品種（例）

種類	品種	機能性（育成期間）
米	はいみのり	発芽玄米のガンマアミノ酪酸（キャバ）含量が普通品種3倍程度．ギャバには血圧調整作用あり．（近，中，四農研センター）
	朝紫	活性酵素を消去する抗酸化活性があるアントシアニン系色素を紫黒のもち米（東北農研センター）
	麦	コレステロール低下作業をもつ水溶性植物繊維β-グルカンが米の10倍含まれている裸大麦（近，中，四農研センター）慢性疾患，骨粗しょう症，更年期障害など予防効果があるといわれるイソフラボン含量が高い．（東北農研センター）
大豆	ふくいぶき	
雑穀	ゴマ「ごまそう」	肝機能障害の防止やコレステロールの低下作業などのあるリグナンの含有量が高い．（作物研究所）
イモ類	ジャガイモ「キタムラサキ」	紫肉色で抗酸化作用があり，アントシアニン色素を多く含む．（北海道農研センター）
	サツマイモ「アヤムラサキ」	紫肉色で抗酸化作用があり，アントシアニン色素を多く含む．（北海道農研センター）
野菜	トマト「にたきこま」	加熱調理用で抗がん作業の高い色素リコペンを多く含む．（東北農研センター）
	ヤーコン「サラダオトメ」	整腸作用，肥満抑制，老化防止に効果があるフラクトオリゴ糖が豊富．ポリフェノールを多く含む．（東北農研センター）
茶	べこふうき	抗アレルギー作用をもつメチル化カテキンを多く含む．緑茶での利用が効果的（野菜研究所）

（独）農業生物系特定産業技術研究機構の研究成果より【農業共済新聞2006年1月1日付参照】

第Ⅲ章 環境の生物性廃棄物資材と利用，堆肥化

3.1 里山の資源が支える地域の発展性

(1) 静かな里山

平野に接する丘陵・里山地域はかつて台所や風呂などの薪取り場，家畜のえさ場，用材場，水源であった．しかし，現況は30～40年前に比べて所によって居住戸数が3割減，半減などと減少，過疎化し農林業の生産力が衰退している．これらは，若い人の勤め先の関係上，都市部への人口流出に起因し，これが結果的に山道が通れない，竹藪拡大，高齢独身者の増加などの現象をもたらしている．この背景には周知の通り，山村定住者の少子高齢化，薪，炭から電気，ガスへのエネルギー変換，人件費の高騰による輸入木材の安さによる内地材消費量の激減，これらに伴う林業関係仕事量の減少や牛の飼料乾草1kg国内産25円，輸入もの21円に象徴される自由貿易化の影響，さらには都市から農山村へ伸びる道路等交通網の整備などがある．

1) 里山にみられる現実の問題と今できること

今里山には，次の3つが進行している．①管理ができず放置されることにより林道の閉塞，車輌通

図3.1 孟宗竹林の管理に手がまわらずアテ林などへ地下茎が次々進入，林地荒廃が進む（石川県輪島市門前町）.

行不能化．林産品の搬出ができない．②山の荒廃化：竹林の混入域拡大やクズなどのつる性植物による杉などの樹冠被覆と林の衰退．③表面被覆土壌の流出：林の中に光が入らないと地をおおう草本が生えず，大雨により土壌が流され，下流の農業用排水路を埋め，さらに災害を拡大させる．

2) 今できる当面の手当ては次のこと

　①住みやすく，利用しやすい環境づくりのため林道，水路整備，間伐，混入竹，雑木の刈払いと堆肥化．堆肥化は土壌浸食防止用の被覆と酸性雨の被害を常に受け，樹勢の衰退が見られる地域耕林地土壌の地力回復維持には必須のこと．②肉牛などの放牧による間接的管理による人件費削減と助成策．③里山の小区画を個人，団体等に貸与し利用してもらう．④学校や社会教育における環境分野，総合教育教材としての利用推進．

　また，長期的には里山の持つ環境資源，機能の評価と総合的利用としては，①傾斜地，多様な生物の存在など立地環境の評価と新たな利用．②地域里山林が持つ緑のダム，土の持つ土壌ダム機能の見直しと定量評価．③癒し，健康回復，保健機能などアグリ・フォレストセラピーの評価，利用法の普及などが地域でできる元気な里山環境づくりへの具体的対策例となる．

　間もなく現存里山環境資源の見直しが求められる時が来る．ちなみに国外における日本向け木材や中国における炭の輸出制限，禁止策のように外国の政策変化を受け日本では従来のように安価に林業，竹産品が入手しにくくなる．「灯台もと暗し」的に里山のある地域にねむる未利用環境資源を合理的に利用するには，半島や里山を対象とした基礎的な研究推進と応用関連技術の教育，研究の取組みや新しい領域（たとえば静脈分野）の産業，文化づくりの視点が不可欠である．石川県の林地は全県面積の約70％を占める．里山を含むこのさらなる利用途開拓への地道な努力は地域発展への確実な触媒となる．

コラム3.1　里山利用優等生の悩み

　「宝達くず」は能登宝達山ろくに生えるクズの根を寒中つぶし，さらし，精製された良質のデンプンで100g5,000〜6,000円と高価で漢方用にも重宝されている．しかし，原料の歩留

まりは5％と少ない．林業整備事業推進の影響で広葉樹林が杉林へ変化したことで今迄集落の近くでクズ根が得られたのに，今は求めにくくなったとされる．他からは，里山環境資源利用の優等生と見られていたものでも，その生産環境の維持には配慮が必要なことを示しており教訓となる．

参考3.1 土の中の微生物数

表3.1 土の中の微生物数（耕地の乾土1g当たり）．

種類	数
細菌	1,000万 〜億の台
放線菌	100万 〜1,000万台
糸状菌	10万 〜100万台
藻類	100 〜1,000の台
原生動物	10 〜100の台

（甲斐秀昭）

3.2 里山荒廃，竹が侵入
－林業再生－

　梅雨入りとともに，里山の木々は緑一色の生育盛期を迎えた．手入れの行き届いた里山が最も美しい季節である．

　だが，過疎化の進行とともに，十分に管理の手が行き届いた山林は年々減っている．石川県内の樹木成長量は，年間の木材需要量を十分満たしているにもかかわらず，安い輸入木材に押され，総需要量の2割程度しか県産材が使われていないためである．

　林業分野の投資効果が下がったことにより，若・壮年者が離村あるいは通勤の形で都市部へ吸い上げられ，里山で働く人，住む人が老齢化，減少した．これにより半島地域では，万雑（地域間接税）が高くなるため学校の統合や公共性を有する施設の維持が困難になっている．

　山林の約1％に当たる竹林の荒廃も目に余る．農作業の機械化やプラスチック篭の出現により，イネのはさ架干し，野菜畑用竹の需要が減ったため

である．車窓から里山を見てもわかる通り，竹林に接した杉やアテなどの林に竹の地下茎が年々延びて竹が増え，美林の成長を阻害し，木の生育と材質に悪影響を与えている．

　台風や積雪による倒木の放置，雑木繁茂，美林への竹林侵入などによる里山の荒廃は，平野部の農業生産や沿岸漁業などに広くマイナスの影響を及ぼす．したがって比較的少ない投資で整理された木や竹を有効利用することが望まれる．

　その一例として，①現場で整理伐採した木や竹から用材部を除いた不要部分を粉砕堆肥化し，不良な耕緑地へ利用する②繊維化により木や竹の防虫・抗菌作用，微生物の住居，含有成分の働き等を利用した植物成長管理資材として使う，ことを提案したい．

　①は減容・軽量化と付加価値添加によって土の肥沃度向上と緑環境維持に有効である．②は，最近の機械発達により木質の粉砕繊維化品の質が良くなったため，これを作物の栽培などに使うと少農薬で安全かつ良質の生産物が収穫できる．

　筆者の研究グループは地域の廃木，竹由来繊維を用いて，肥料等を封入し，使用後土の中で分解消滅する高機能園芸・緑化用鉢などの汎用品開発に成功している．この研究が半島里山地域の過疎対策，産業振興に役立つことを願ってやまない．

【北國新聞2002年7月21日朝刊に概要掲載】

3.3 竹肥料を使うなら，チッソとセットで

　竹は繊維質・糖質，および若干の無機質・油脂等の成分を含んでおり，土壌へ戻る安全な有機質資材である．繊維化すれば当然分解が速くなるが，施用状況によって効果の現れ方が違ってくる．具体的には次のような利用法がある．

●畑，樹園地利用の場合
①混合（土壌全体にすき込む）
　土壌が膨軟になる．通気透水性が改良される．

② 表面被覆（マルチ）

雑草の生育が抑えられる．保温，水分蒸散防止．表面施用した肥料成分等が土壌吸着するのを防ぐ．なお，株元への被覆等，局所的に使用すると，施用量が節約できる（コスト削減）．

● 水田利用の場合

元肥時や田植え後一週間くらいの時期に散布すると，雑草の発生抑制効果がある．また，藻類などの生物が繁殖してチッソ固定などもするので，結果的に有機質肥料を自給できる環境となる．

図3.2 冬期ビニールハウスの加温に間伐材など木質の堆肥化（温水パイプ配管）を利用，その後畑へ還元している（能登町柳田）．

(1) 竹繊維とチッソはセットで

竹繊維は，比重が約0.15〜0.25と，かさの割に軽いため，一定量を現場で散布するには容量的配慮が必要である．袋入りの場合，屋外露天置きなどで吸湿してしまうと，分散・崩壊性が劣化し，まきにくくなってしまう．

図3.3 竹繊維施用のコシヒカリ　低タンパク米を目ざし，一部は発芽玄米用に使われている（輪島市北谷：2005年9月）．

注意することは，土壌に混合する場合にはとくにチッソを含む資材・肥料などを同時に施用すること．できれば30〜50％増肥する．そうしないと，土壌内でチッソ飢餓状態が起き，生育する植物は栄養不足から黄化，生育停滞しがちになる．

水田の場合も同様で，初期のチッソ飢餓防止の観点からチッソ質肥料を何らかの形で補う必要がある．

3.3 竹肥料を使うなら，チッソとセットで

表3.2 元肥，竹繊維被覆の有無で変わるジャガイモの収量.

試験区		収量 (10a当たりt, 指数)		大きさの割合 (%)		
				L	M	S
竹被覆なし	元肥無	1.07			7.8	92.2
	元肥施用	1.07	100	2.2	5.5	92.3
竹被覆あり (10m³をウネ被覆)	元肥無	1.43	133		6.7	93.3
	元肥施用	1.89	176 70%増	4.1	17.3	78.6

元肥にスーパー生ゴミ堆肥（チッソ2%含）を10a当たり5tウネ混合施用．2003年4月18日に男爵稚イモ50～80gのものを30cm間隔で植えた．竹繊維被覆した区はしなかった区に比べてかなりの増収．とくに元肥十竹繊維被覆区は竹分解に必要なチッソ分が十分あるからか，もっとも収量が高かった

表3.3 ハクサイを，いろんなもので被覆してみると….

試験区	(10a当たり施用量 m³)	結球率 (%)	結球部平均重量 (kg)	同左指数
竹繊維	10	84	3.51	145
バーク	5	23	2.68	111
新聞紙（2枚重ね）		82	3.75	155
黒農ポリ		60	2.71	112
対照（被覆なし）		23	2.41	100

10a当たりバーク堆肥1200l，竹チップ1800l全面すき込み施用後，チッソ施用量を元肥27kg（米ヌカ由来17.7，乾燥鶏糞由来8.8，ナタネ由来1.0），追肥4.7kg（そ菜化成）施肥．9月7日にハクサイ苗を株間30cmの千鳥状に移植栽培した．

　留意点は，①すき込むと，よりチッソ飢餓を招きやすいので，どちらかというと土壌表面に被覆（マルチ）施用するのが望ましい，②竹繊維で土壌をマルチした上に増肥分を施すと竹の分解がスムーズになる，③水田の場合，元肥として施用すると作業性がよい……などである．ちなみに，散布量の目安としては，1m²当たり1kgの竹繊維を散布すると，ほぼ土の面が見えなくなる．

　当地域では，水田用に10a当たり500kg（2m³），畑や樹園地では厚さ1～1.5cmにマルチして使うのが一般的で，約2.5～2.7t（10～15m³）施用が目安となる．ただし，畑ではウネ上のみ，果樹では樹の枝下のみの部分施用にすると，量的には半減する．

(2) 竹繊維を使った試験いろいろ

1) 元肥の有無,竹繊維マルチの有無でジャガイモの収量は？

　各試験区の収量は表3.2のとおり．このように竹繊維を被覆すると増収効果がみられ，とくに元肥を施した場合には70％強増収し，大きさもMとLを合わせた割合が約3倍ほどになった．

2) ハクサイをいろんな素材で被覆

　他の被覆材と比べた竹繊維の効果は，表3.3のとおり．本試験では，保湿性，通気性の高い竹繊維区や新聞紙被覆区が対照区に比べて相対的に結球が速く，結球部重量も大きくなる傾向を示した．

3) キュウリのセンチュウ害に効果

　土壌センチュウによる立枯れ，生産力低下の回避策の一つとしても竹繊維マルチが有効である（口絵.4）．このとき併用したカキ殻粉末には，竹繊維と同様に抗菌作用のあることが知られているが，さらに鉄，ケイ酸などと複合造粒し施用すると，竹繊維マルチをしなかった区に比べて確実にセンチュウの活動抑制に機能したことがわかる．

　これは，竹に含まれるアク成分（フェノール類などの有機化合物）が水に溶け出して土壌に染み込み，カキ殻との相乗効果でセンチュウの住みにくい環境を作ったと思われる．

(3) 竹繊維で高食味,低タンパク米

　安全で安心かつ農薬をできるだけ使わないおいしい有機栽培米づくりの選択肢として，竹繊維の元肥施用が注目されている．竹繊維を肥料として見，これを機械的に製造することに努力し，農法も考察した橋本清文氏によるバイケミ農法の影響を受けたコシヒカリ栽培が兵庫，京都，石川で行なわれている．ほぼ竹肥料だけで栽培すると，収量は10a当たり400kg台とやや少ないが，食味値約80，タンパク成分5～6％の良食味米が生産され，相対的に高値で消費されている．

　水田へ施用する場合，散布するのが耕起前か田植え前後かによって，作業

性，散布労力（今のところほとんどが手散布），効果，コストが変わってくる．ちなみに，10a当たり500kg（50袋）施用時，竹繊維由来でチッソは水田へ約2kg入ることになるが，これは見掛け上のもので，実際は竹分解のために固定され，イネの施肥には間に合わない．

しかし，繊維が土の表面に施されたことにより，水田の微生物や生える植物が空中チッソを固定．確保されたチッソは究極自給肥料とみなされる．現場でイネを観察してみても，相当量のチッソが自給肥料として空中から補充されているようである．だが，やや収量性を高めるには元肥時か生育初期にチッソ質肥料を有機または無機質の形で施すとよい．イネは竹繊維施用により，相対的にケイ酸が多く吸収され，耐病性，耐倒伏性が増し，品質が向上する．

【現代農業2004年10月号に概要掲載】

3.4 森林再生へ間伐材を堆肥化
－一石三鳥の提案－

現在，ほとんどの土木工事においては緑化が義務付けられており，そのための土壌改良剤，有機肥料などを地域でどのように確保するかを企業，研究者がそれぞれの立場から報告する．地味だが，地球環境が大きな問題になっている今日，金沢から環境保全の先端技術を発信するという大きな意義を持つ研究だと思う．

(1) 昨年，研究会が発足

ところで，石川県内では昨年6月，全国的にもユニークな，産官学協力の「間伐材等堆肥化リサイクル研究協議会」が発足した．従来ほとんど使われていなかった間伐材を現場で最も適切に堆肥化し，廃棄物のリサイクルを図るとともに森林の再生にもつなげようという一石三鳥の研究を進めている．

間伐材を堆肥にするためには，できるだけ細かく砕き，セルロースを分解してくれる微生物の栄養源として，窒素分を加えてやる必要がある．その窒素分として注目されているのが家畜糞，カキ殻，魚のアラ，オカラ，米

ヌカなど，これらも処分に困っている生物性の廃棄物である．

これまでの研究からは，間伐材を速く堆肥化するには原材料の粉砕度（粒度）を上げ，高温でも働く好気性の菌群を利用すると，水分が少なくて運搬も楽な堆肥がつくれることが分かった．

(2) 9割が県外から移入

全国的に良質の堆肥，有機質資材は不足しているが，石川県内では消費される良質堆肥の実に九割が県外から移入されている．県内に堆肥の素材，原料がないわけでなく，堆肥化作業ができる人がいないわけでもない．

この需要を石川県内でまかなうために，前述の間伐材など木質未利用資源を極力利用することが得策だと考えたわけである．現状ではこれらの多くが金をかけて処分されており，石川の森林再生，生物性資源の有効利用，省エネ，リサイクル，ひいては地域の新たな産業の振興という観点からも，間伐材の堆肥化を積極的に進めることが望まれる．

【北國新聞1999年1月25日朝刊に概要掲載】

3.5 堤防刈草の堆肥化

一級河川の堤防草刈りにより排出される風乾刈取収集物を現場で簡単に

表3.4 試験区構成

試験区 No.	堆積日	材料	腐熟促進助剤等
1	6月17日	梯川堤防刈草	籾殻おから堆肥（2バケット），米ぬか（255kg），堆肥化促進剤＜ビオグリーン＞（40kg）
2	6月30日	梯川堤防刈草	下水汚泥（1750kg），米ぬか（180kg），小麦ふすま（75kg）
3	6月30日	梯川堤防刈草	石灰窒素（40kg），米ぬか（240kg），堆肥化促進剤＜ビオグリーン＞（40kg）
4	6月17日	梯川堤防刈草	米ぬか（300kg），堆肥化促進剤＜ビオグリーン＞（120kg）
5	6月17日	梯川堤防刈草	小麦ふすま（25kg），米ぬか（240kg），堆肥化促進剤＜アクセルコンポ＞（40kg）
6	6月18日	剪定枝葉粉砕物	牛ふん（3t），米ぬか（240kg）
7	6月30日	能登間伐材・樹木根粉砕物	食品工業（製麺業）汚泥（8t），米ぬか（135kg），堆肥化促進剤＜ビオグリーン＞（40kg）

＊ビオグリーン：発酵特殊肥料（N2.44％, P4.56％, K1.83％）
＊アクセルコンポ：堆肥化用発酵促進剤（N2.5％）

3.5 堤防刈草の堆肥化

堆肥化することを想定し，補助剤として各種資材の併用効果などを表3.4の試験区構成で検討した．

市販4mの直管とコンパネを利用し，露地に約30m^{3}容の堆肥化槽をつくり表3.4の各種素材処理で常法により堆肥化試験を行なった．この際，下水汚泥は農業集落排水処理場の下水脱水汚泥，ビオグリーンは名古屋市のと殺場から出る家畜の内臓等を高温耐性菌で堆肥化した肥料である．槽の上はブルーシートで覆い適時切り返しをした．

堆肥化処理5ヶ月後の結果は，表3.5，図3.5，3.6の通りで，適切な処理をすれば炭素率（C/N比）20近くへ迅速になることがわかる．

表3.5 各堆肥の理化学性．

試験区 No.	水分含有率 (%)	pH	C (%)
1	76.3	7.6	50.6
2	78.9	7.4	65.4
3	76.8	8.9	53.0
4	72.0	8.7	30.7
5	77.3	7.9	39.6
6	77.5	8.1	52.0
7	66.4	8.9	39.6

12月4日サンプル．（対乾物）．

図3.4 一級河川手取川堤防刈草の堆肥化試験．農道上で．左側CDU添加区，右側石灰窒素添加区．いずれも良質な堆肥ができる（石川県農業短期大学農場）．

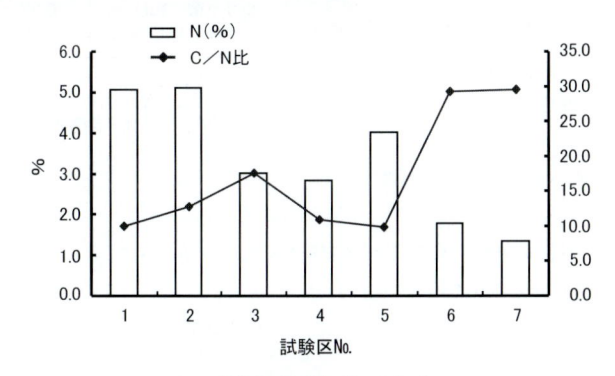

図3.5 N含有率，C/N比．

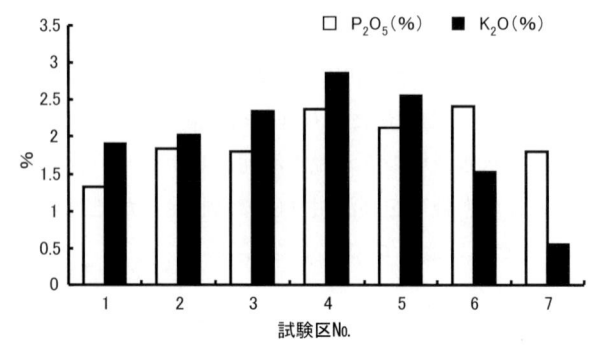

図3.6　P_2O_5，K_2O含有率．

参考3.2　兼六園内落ち葉の堆肥化（事例）

I．経緯

①落ち葉の集積

○期間：平成11年〜12月

○樹種：ケヤキ，サクラ等落葉広葉樹を中心

②堆肥づくり

○場所：広坂休憩館横に堆肥小屋を設置

○方法：落ち葉に米糠，石灰窒素，土壌酵素活性剤（コーラン）を混合

・米糠　　　　　　10kg

・石灰窒素　　　　10kg（いずれも落ち葉3立方）

・土壌酵素活性剤　2kg（立方メートル当たりの混合量）

○切り返し：小型除雪機で切り返しを行った．（平成12年6月，9月，12月，2月の4回）

○堆肥量：約10m^3（当初の1/3となった．）

II．分析結果

農業短期大学の長谷川教授に堆肥の成分分析試験を実施していただきました．

その結果は，表3.6のとおりです．

表3.6　兼六園堆肥分析結果[1]．

分析項目	現物供試	乾物供試
色調[2]	5RY1.7/1	
水分含有率（％）	57.9	
pH（1％solution）	7.0	
EC（μ s/cm）	2880	
全炭素（％）	10.7	26.1
腐植（％）	18.5	44.9
炭素率（CN比）	11.9	9.1
全窒素（％）	0.9	2.86
全リン酸（P_2O_5％）	0.33	0.65
全カリ（K_2O％）	0.29	0.58

[1] 2001年3月5日採取．
[2] 標準土色帖による．
石川県土木部兼六園管理事務所資料．

3.6 堆肥化作業実践上の現場における留意事項

(1) 事前に十分な対処が望まれること．調査検討を要すること

①堆肥をつくる材料が集められる対象地域（面積，人口，家畜頭数他）
②堆肥化したい物の種類と量
・発生する地域と月別量（年間，季節により出る量に変動あるか）
・複数場所となるのか

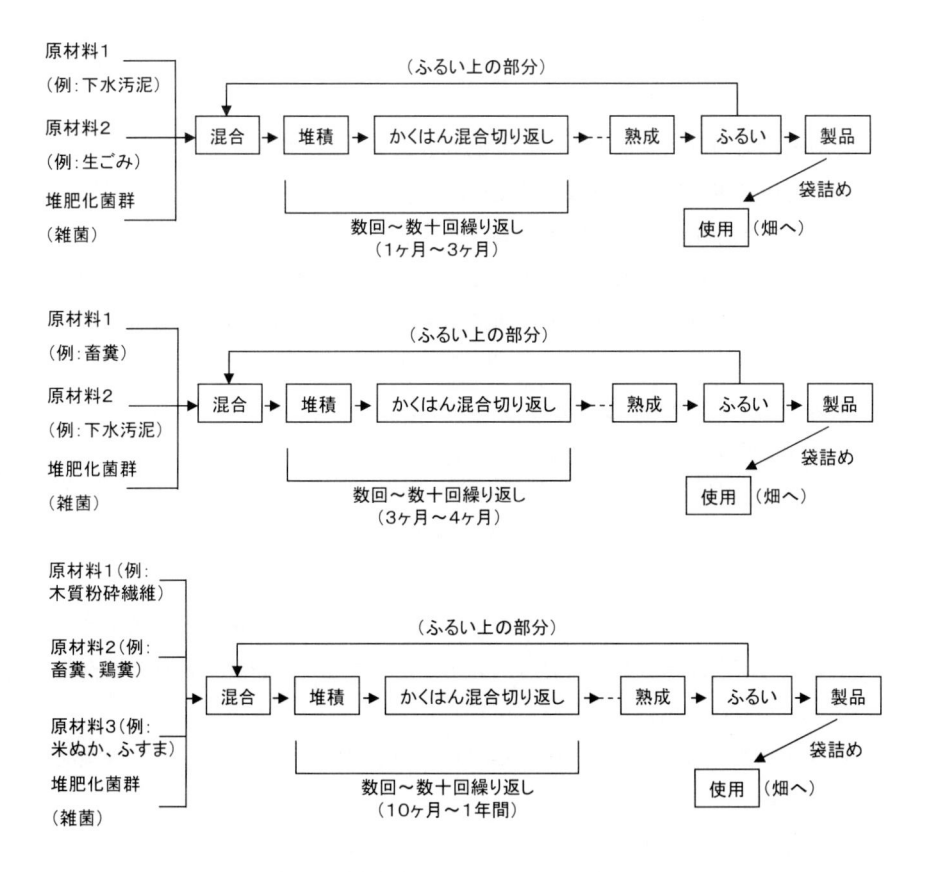

図3.7 堆肥化作業フローシート（基本例）．

・集めるのか，持ち込みなのか（車，人力）

③出口．できた堆肥が肥料として円滑に出て，利用されるのか．製造された物の置き場，大小の確保，品質管理の関係，予想される販売価格．競合品の存在．

④原料の集まる量よりやや小さめの堆肥化作業舎を作る．効率優先．材料に比べて大きいものが建造されると放熱量が大となり，温度不足になるため堆肥化に時間がかかり作業計画が遅れがちとなる．通常堆肥化が進むと$60〜90℃$，菌相によっては$100℃$近くに槽内温度が上る．これが，品質低下にも影響する．

⑤堆肥化を促す菌群は原則，その場所で生育しやすいものを自ら作り増やす．

出来たものは乾燥保管や戻し堆肥へ多めに入れるなどする．

⑥材料置き場，露天，屋根下，建物内．

日本では原則露天の堆肥大量製造方式は公害防止上禁止されている．年間を通じて風向き，積雪量，雨量を調べ，特に周辺へ臭気発生時の影響が少ないように堆肥作業舎などの構造物を配置する．開放口，原料搬入口の位置，材料が臭気の出るものであればこの扱いについて，発生源での除臭，脱臭処理（ミスト洗いなど）可能かの検討．

・臭い吸収材（材料）の混合ができないか．

・一般に最低堆積作業する建物平面積の3倍以上の露天作業ヤード（コンクリート舗装したもの）が必要．仮堆積場，車両旋回，切り返し作業の安全確保，作業舎周辺の環境整備上，排水路，溜めますなど設置．

⑦材料があらいため堆肥化に時間がかかったり，堆肥化菌群の活動が低下することが予想されれば，砕き，細かく粉砕する．木質材や竹材の繊維化など．

⑧水分の多いものであれば脱水処理するか他の乾いた物（材料）に吸湿混合処理する．

(2) 堆肥化の基本

①大まかに材料の種類によってやや違うところもある．
・糞尿（人間，動物，家畜，羊）．
・食べ物残飯，残渣，食品工場，料理店残渣．
・植物性のもの，刈り草，落葉，わら，茎葉，木皮，木くず，木や竹廃材，剪定枝葉．米ぬか，大豆くず，おから他，汚泥，ボロくず，紙片，段ボールくず．

図3.8 乳牛糞の堆肥化場．間伐材利用の木造（島根県飯石郡頓原町志学東の原農場：2006年8月）．

②堆肥化促進の菌群は地のもの，周辺で得られる自然選択の菌群を利用する．

　低コスト．ここでいう菌群はカビ，放線菌，細菌等が混合した集団である．これらが，材料中の組織強度に対応し，さらに分子量の大，中，小にそれぞれ応じて働く．なお，使用する菌群の採取，増殖は，周辺の森林，竹やぶの落葉集積土層表土や各種堆肥槽（層），畑の黒褐色土壌などより当面適量 20～50l（材料の30～40％目安，多ければ増殖が短期間，少なければ時間がかかる．）
採取．これに堆肥化材料と米ぬか，小麦ふすまなど菌群のエサ食料を加え，菌群を増殖する．（目安1：1：1）

　出来た菌群は乾かし紙袋等通気性のよいもので保存するか，雑菌が大量繁殖しないように保管し，随時使用する．ここで，米ぬか，小麦ふすまなどは堆肥化する菌群，微生物の栄養となっている．

③堆肥化作業の実際
・窒素分の多いもの（例：糞，おから，魚あら，汚泥）には，繊維質（例：刈り草，わら，木質粉，竹繊維，落葉）のものを加える必要あり．
・水分の多いものには，混合して丁度扱いやすい水分状態にするために乾燥した粗砕，粉末状のもの（例：切りわら，籾がら，木質の繊維）などを混

合するとよい．

　混合時，堆肥化作業当初，全体の水分含有率は70～80％，手で握りつぶすと水が出る状況．

　その後，1～2週間に一度の割合でショベルローダーや人力で切り返し，反転作業をする．通気，菌群の繁殖，堆肥化促進をする．通常生物性の組織材料であれば早くて1ヶ月，通常3～4ヶ月，木質系のものでも数ヶ月～1年で炭素率（C/N比）が20～30に変化する．水分含有率は，50～40％となる．

　堆肥化したことを確認する一般的な目安は次の4つである．
①アンモニア臭気がない，②黒褐色，③手で握ると水が出ない，④軽く手で握り，手のひらを開くとパラパラ堆肥が落下する．

　これは中国S市における有機質肥料製造目的の大型堆肥場建設計画に際し，著者が2006年報告したものである．

参考3.3　野菜残渣堆肥と生ごみ堆肥の化学組成

表3.7　金沢市堆肥分析結果．（H15.2.26依頼）．　　現物供試

No.	試料	水分(%)	pH	EC(mS/cm)	C(%)	N(%)	C/N	P_2O_5(%)	K_2O(%)	CaO(%)	MgO(%)
1	キュウリ堆肥＋米ぬか20％	55.8	9.6	3.9	10.7	1.29	8.3	2.26	1.87	5.10	3.01
2	キュウリ堆肥＋尿素5％	55.9	9.6	4.1	11.7	1.41	8.3	1.82	1.82	6.29	1.89
3	キュウリ堆肥＋石灰窒素5％	51.0	9.6	4.0	12.3	1.49	8.3	1.94	1.69	7.44	2.49
4	キュウリ堆肥＋馬糞半生20％	56.0	9.7	3.8	11.2	1.02	11.0	2.25	1.68	7.26	3.20
5	馬糞半生＋キュウリ堆肥10％	41.0	9.3	2.3	13.7	1.17	11.7	1.87	1.18	6.90	0.92
6	ダイコン葉のみ	32.1	8.0	3.2	13.7	1.59	8.6	0.58	1.04	9.13	2.52
7	カンショ茎葉のみ	57.7	9.4	1.4	12.5	0.64	19.5	0.33	0.90	1.83	0.38
8	トマト茎葉のみ	61.2	9.0	3.5	12.0	1.33	9.0	1.37	1.33	2.69	1.56
9	ダイコン堆肥	23.2	8.5	3.2	12.3	1.98	6.2	1.22	0.95	11.48	1.09
10	カンショ堆肥	33.3	9.6	2.2	11.6	1.29	9.0	0.60	1.31	3.29	7.08
11	トマト堆肥	33.5	8.7	7.5	17.0	2.54	6.7	2.28	2.37	5.98	2.81

表3.8 生ごみ堆肥の化学組成.(現物当たり).

生ごみの由来	水分(%)	pH	EC (mS/cm)	全窒素(%)	炭素率	リン酸(P_2O_5%)	カリウム(K_2O%)	カルシウム(CaO%)	亜鉛(Zn ppm)	銅(Cu ppm)	ヒ素(As ppm)	カドミウム(Cd ppm)
ホテル	7.5	5.2	8.3	4.6	10.1	1.4	1.1	3.5	58	6.9	2.6	0.1
スーパー	24.6	6.1	11.5	4.1	8.2	1.3	2.1	2.7	62	8.1	3.7	0.2
市場	12.8	7.5	12.9	3.3	10.3	1.3	4.6	2.6	322	54.1	1.2	0.5
レストラン	7.7	5.6	7.9	3.6	11.8	1.5	1.1	4	48	7.9	1.7	0.2

出典:後藤逸男,都市生ごみ堆肥,環境保全農業大事典,p.246,農文協(2005)

参考3.4 生ごみの肥料化事例

―農大方式―

　生ごみを乾燥し尿素を加え,ペレット化することにより扱いやすい肥料の形状とし利用する試みが東京農大で行われている.すなわち,乾燥した生ごみをそのまま土壌に施すとこの分解に土壌中の窒素分が利用されるため,分解の初期,栽培される植物は相対的に窒素不足,成長停滞を余儀なくされる.このことを解消する対策の1つとして,生ごみに尿素を0.2%添加して2時間で水分90%の原料を15%の製品にするプラントを運転している.製品の品質現物は化学性で表3.9の例が示されている.

　日量500kgの生ごみを処理し,年間10t余のペレット肥料をつくり,現在利用していると報告されている.

表3.9 生ごみ由来の肥料中成分.

水分	油分	pH	N	C	C/N	P_2O_5	K_2O
13.6%	10.7%	5.5	4.4%	40.9%	9.38	13.0%	25.0%

コラム3.2 ねぎのお布団

　長谷川先生の「ねぎのお布団」「幼稚園と小学生」など,とてもわかりやすい説明がよかったです.小さい頃,保育所で芋苗や野菜苗を毎年植えていたのですが,本格的に取り組んだのは初めての体験で,土にふれることは子供の情操教育,食べ物を大切にする心を育てるには,食育よりも,それ以前に大切なことだと思いました.体を使い,汗を流して,作物や植物を育てあげ収穫する喜びは,何にも代え難い財産になることと思います.

実家も農家で，田んぼや畑があるので，帰省のたびに子供に触れさせてやりたいと思います．娘はねぎの"お布団"をかけるところが，とても楽しかったと言っております．(TD, ED)

【石川県立大学親子農場観察会に参加されたお母さんとお子さんの感想（メモ）より2006年8月】

3.7 抑草と保健機能が高い堆肥施用が必須のフキ

　フキはキク科の植物で，早春フキノトウは天ぷらやみそ和えとして食用にされる．また，新緑の頃，季節を代表する身近な野菜として煮物用に久しく食べられてきた．茹でてあくが抜かれると魚などとの相性がよく，健康を維持する上で必須の食材でもある．品種では，愛知の早生フキ（茎の表面が若干紅色），中生，秋田フキが有名．良好な生育をするところは排水性がよく，肥沃な土壌のところである．株を植えると地下茎で次々増えてゆくので，根圏域の大きい方が望ましいため有機質肥料や堆肥を施した膨軟なところが望ましい．なお，新しく株を定植する場合には，10月頃に $3.3m^2$ 当たり，20～30（出荷用）株を植える．葉は病虫害，たとえばフキノメイガなどの被害を受けるので，防除の配慮が必要．ちなみに，サンショウなどの防虫機能を持つ草や木を混植しておくと虫をある程度抑えられる（例）．柿の木などの木陰のところでもよく育つ．

　ところで，フキは葉の葉面積が大きく，収穫しても次々と茎立ち，葉を展開してくるので，他の草生を抑える．また，傾斜地の土壌表面流去を防ぐのを兼ねて法面にも植えられ，食材提供と防災機能を兼ねている．10a当たりの窒素施用量は，出荷の場合基肥，追肥合わせて50kgが目安．追肥は，3月，5月，9月に施す．堆肥や有機質肥料が主で，緩効性の肥料が多用されている．

　柔らかい物を安定に出荷するには，ビニールハウスなどの施設栽培が行われている．

表3.10　フキの主要可食部成分
（新鮮物100g当たりg）．

水分	たんぱく質	糖質	繊維	灰分[1]
90.1	0.5	2.1	0.6	0.7

[1] カリウム310mg（四訂食品成分表より）

図3.9 ネギの苗を植える体験で堆肥を施すことを『ネギのおふとん』と形容したTちゃんら（石川県立大学親子農場観察会）．

図3.10 フキの栽培には堆肥が必須．抑草にも役立つ．

紙マルチ田植え

安全安心な米生産を目指し，農薬使用をできるだけ避けるため，水田全面を田植え時，生分解性の紙マルチをし，苗を移植する．田植え方式（技術資料，三菱農機参照）が確実に普及している．除草（抑草）と農薬散布軽減に役立ち，また収穫された米の質がよいことから慣行の栽培米より相対的に高い値で消費されている例が多い．大面積の利用では投資コストを補ってあまりある．

3.8 肥料は貴方の側がよい，有機物の施肥位置と植物の生育

沙漠乾燥地土壌において継続的な植生を確保する低コストな一方法とし

図3.11 ブルーベリー園に被覆施用された木質廃材破砕物，抑草，有機物施用，作業性改良などを目指す（石川県能登町モデル農場：2005年8月）．

第Ⅲ章　環境の生物性廃棄物資材と利用，堆肥化

て有機質資材の施用が選択肢としてある．ここでは沙漠地緑化の際，現地において周辺で得られる身近な廃棄物の土壌への還元利用を想定し，生ごみを堆肥化したリサイクル有機質肥料をつくり，これを砂壌土，砂土に施用した場合，施肥位置と生育，根の伸長がどのような関係になるかを試験した．供試植物は百日草，ハクサイ，ナス等で5,000分の1aポット，水稲機械移植用苗箱を応用した根箱，露地等の条件で比較調査した．その結果，全層施肥，マルチ，側条等の具体的施肥法が相対的に好ましいことが分かった．施肥位置と百日草の生育（花数）およびハクサイの根の伸長分布状況および土壌の理化学性は図3.12，13，14のとおりである．

生ごみ堆肥の施し方と百日草の生育

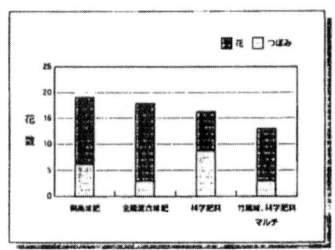

生ごみ堆肥の施し方と百日草の花数
（山地砂壌土4kg、窒素2g施用、条件6株当たり）

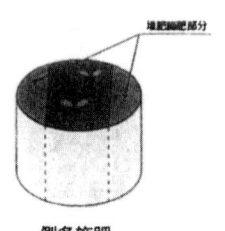

側条施肥

図3.12　施肥と根の伸び．
長く花が咲く百日草などでは，側条施肥や竹繊維被覆プラス肥料施肥が好ましい．

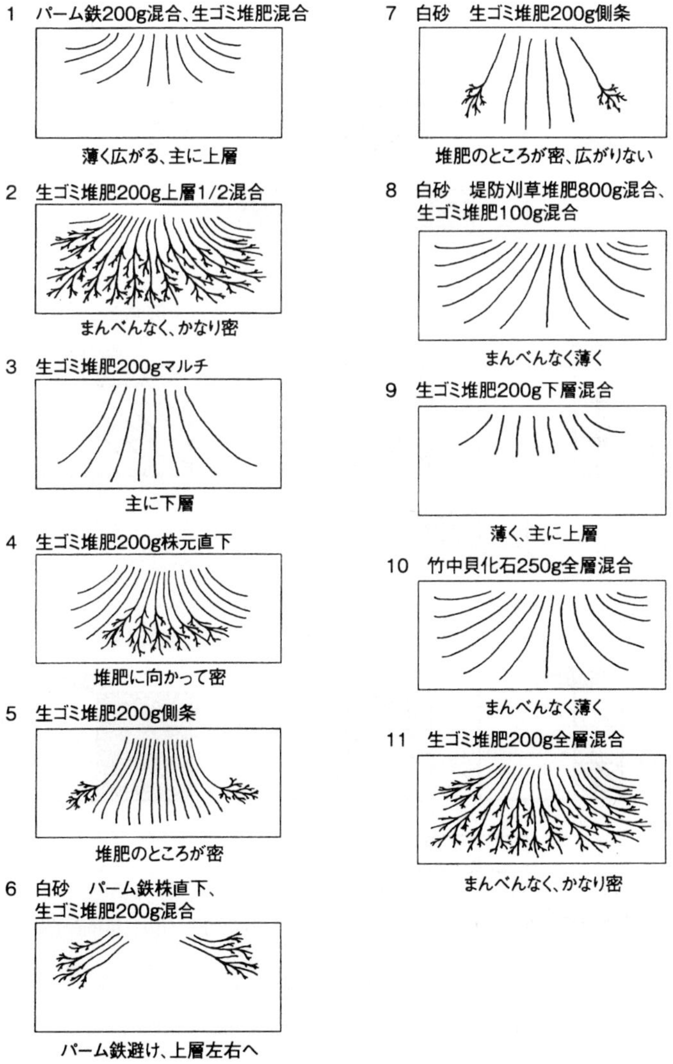

1 バーム鉄200g混合、生ゴミ堆肥混合

薄く広がる、主に上層

2 生ゴミ堆肥200g上層1/2混合

まんべんなく、かなり密

3 生ゴミ堆肥200gマルチ

主に下層

4 生ゴミ堆肥200g株元直下

堆肥に向かって密

5 生ゴミ堆肥200g側条

堆肥のところが密

6 白砂　バーム鉄株直下、
生ゴミ堆肥200g混合

バーム鉄避け、上層左右へ

7 白砂　生ゴミ堆肥200g側条

堆肥のところが密、広がりない

8 白砂　堤防刈草堆肥800g混合、
生ゴミ堆肥100g混合

まんべんなく薄く

9 生ゴミ堆肥200g下層混合

薄く、主に上層

10 竹中貝化石250g全層混合

まんべんなく薄く

11 生ゴミ堆肥200g全層混合

まんべんなく、かなり密

図3.13　有機質肥料・堆肥の施肥位置と根の分布.
ハクサイ根箱試験の土壌断面（齋藤陽子原図一部改変）.

第Ⅲ章　環境の生物性廃棄物資材と利用，堆肥化

水分含有率(%)

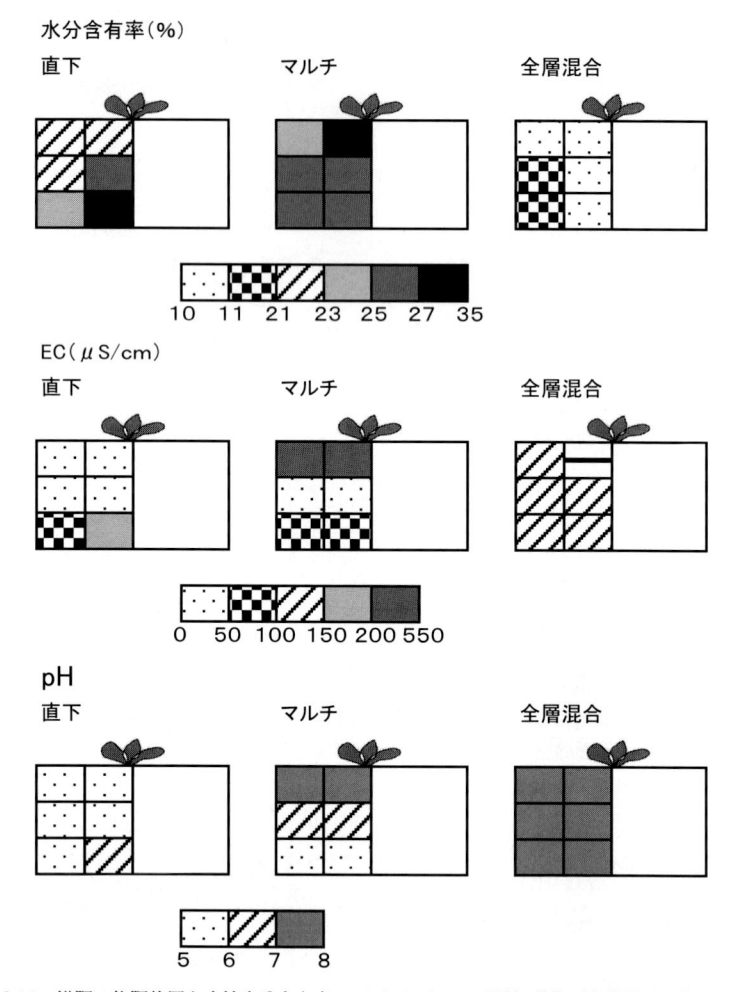

直下　　　　　　マルチ　　　　　　全層混合

10　11　21　23　25　27　35

EC(μS/cm)

直下　　　　　　マルチ　　　　　　全層混合

0　50　100　150　200　550

pH

直下　　　　　　マルチ　　　　　　全層混合

5　6　7　8

図3.14　堆肥の施肥位置と土壌水分含有率，ECおよびpHの関係（例）（齋藤陽子と共同研究）．

3.9 もみ殻の利用
－膨軟もみ殻，もみ殻燻炭のイネ育苗床土改良効果－

(1) もみ殻の多目的利用を考える

　水稲機械移植に際し，箱育苗用培土の軽量化と品質の改良は，米作りの現場において「稲半作」とも言われるように，省力と良質米多収，コスト節約の上から重要なことである．この点に鑑み，ライスセンター等大型水稲籾乾燥調節施設等で排出され，従来焼却処分が一般的であったもみ殻の利用と，育苗箱用土の改良，軽量化をもみ殻が出る現場で一体的に考えた育苗試験を行なった．本試験では，土壌に対するもみ殻膨軟化装置（明和工業製 PX－30型8,000kg/h処理能力）で得られる膨軟もみ殻（以下単にもみ殻と記す）および同社製炭化装置 BAC

図3.15　籾がらを利用する．洪積酸性の畑を改良するため秋に表面施用し，耕耘する（石川県能登町中斉にて2007年10月）．

図3.16　イネ籾殻はケイ酸含有量が高いのでそのままでは腐熟しにくい．機械的に破砕すると堆肥化促進など用途が広がる（石川県能美市内ライスセンターにて）．

図3.17　積雪期間中も月に1～2度籾殻堆肥切り返し作業をする．環境保全型農業実践家　得能氏，中央（石川県河北郡津幡町）．

表3.11 第1回試験区構成.
(試験期間4月21日～6月7日).

No.	試験区	資材混合割合[1]
1	対象	0 (土壌のみ)
2	膨脹軟化もみ殻	30
3	同上	50
4	同上	70
5	もみ殻炭	5
6	同上	10
7	同上	20
8	同上	30
9	同上	50
10	pH調整済炭	5
11	同上	10
12	同上	20
13	同上	30
14	同上	50
15	市販もみ殻処理資材[2]	5
16	同上	10
17	同上	20

表3.12 第2回試験区構成.
(試験期間9月21日～10月26日).

No.	試験区	資材混合割合(容量%)
1	対象	0 (土壌のみ)
2	膨脹軟化もみ殻	30
3	同上	50
4	もみ殻炭	5
5	同上	10
6	同上	20
7	同上	30
8	同上	50
9	pH4.5調整済炭	5
10	同上	15
11	同上	30
12	pH4.0調整済炭	5
13	同上	15
14	同上	30

[1] No.1～14：容量%，No.15～17：重量%
[2] 商品名「原人ウドン」

－80型で製造されたもみ殻燻炭(以下単に燻炭と示す)およびこの燻炭のpH調整したものを供試し，これらの添加割合と苗の生育について検討した．

(2) 膨軟もみ殻，もみ殻燻炭の効果大

第1回目の試験では，図3.18～23のようにpH未調整燻炭30％，50％混合した区での初期成育の遅れがみられた．マット重をみると，対照の1区に比べるともみ殻を用いた区では，明瞭に軽量化していた．燻炭を用いた区でもわずかながら軽量化していた．茎葉・根乾物重では，pH未調整燻炭を30％混合した区で大きな値となった．もみ殻は，50％以上混合すると値は小さくなった．

以上のことから，今回実施したイネ箱育苗床土の改良試験では，表3.13の仕様が育苗土の改良に適していた(技術資料，明和工業参照)．

疲労軽減と軽量化

稲の箱育苗や園芸培土など，種まきや育苗用培土の軽量化に際し，古くか

ら土に軽石やゼオライト（沸石）などを入れる方法がある．これらが求められないところでは人工のパーライト（かさ比重0.2）を利用すると便利．著者らは機械移植用培土にこれを10％（重量）混合すると確実に軽量化し，苗質が向上することを確認している．培土の鉢・箱詰めなど多量の資材を連

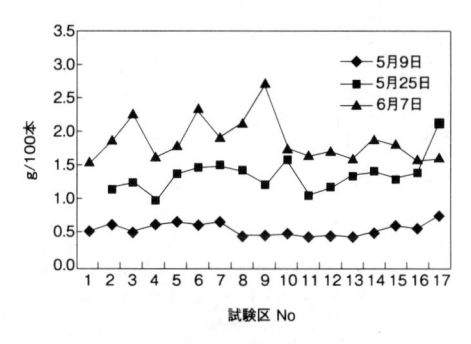

図3.18 茎葉乾物重の変化.

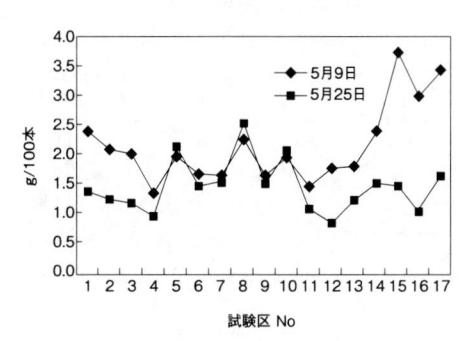

図3.19 6根乾物重の変化.

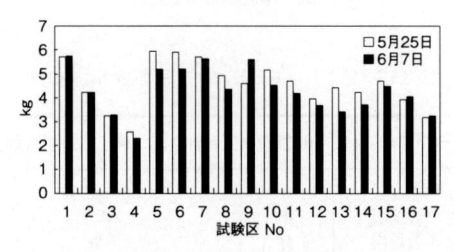

図3.20 育苗マット重.

続的に取り扱う際の疲労や輸送コストもまた軽減される（技術資料，ハットリ参照）．

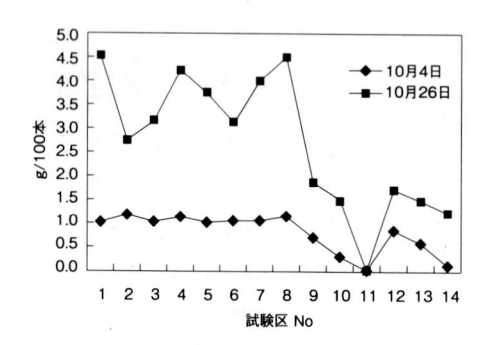

図3.21 茎葉乾物重の変化．

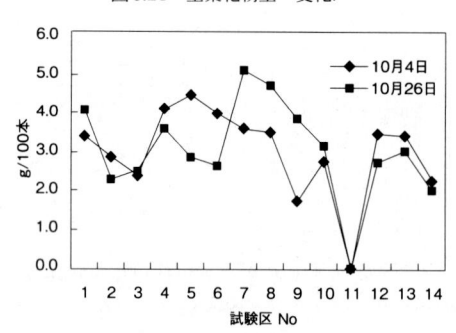

図3.22 根乾物重の変化．

表3.13 望ましいもみ殻および同燻炭の添加割合．

床土への添加資材	pH調整	添加割合（培土に対する割合）
膨軟もみ殻	−	30〜50％
もみ殻燻炭	無	20％
もみ殻燻炭	有	5％

図3.23 苗の様子（第1回試験2000年5月17日）.

> **参考3.5　畜種別にみた家畜糞堆肥の成分組成**
>
> 　牛糞は，豚糞や鶏糞に比べて水分が多く，窒素含有率が相対的に少ないためCN率が高く，やや分解が遅い．また，鶏糞はリン酸とカルシウム含有量が相対的に高いことが特徴的である．
> 【出典　山口武則　家畜糞堆肥の成分の変化と活用, 環境保全型農業大事典 p.233 農文協（2005）】

表3.14　家畜糞の成分.

	水分(現物%)	pH	EC(mS/cm)	T-N (%)[1]	T-C (%)	P (%)	K (%)	CaO (%)	MgO (%)	C/N比
牛	54.8	8.4	4.7	1.9	35.3	2.3	2.4	3.0	1.0	18.9
豚	40.2	8.5	6.4	3.0	32.8	5.8	2.6	5.2	1.8	11.7
鶏	25.1	8.5	8.3	3.2	28.7	6.5	3.5	14.3	2.1	9.6

[1] 無機成分は乾物%

3.10　農村生活廃水から有用な有機質肥料

　現在，日本において私達がイネや野菜・花などを育てるのに使っている肥料は，ほとんど油や鉱石などの輸入原料にたよっている．糞や落葉など自給性のものの割合は少ない．食料の60％が輸入に頼っていることからみて

民生上，台所，流しなどから出る生ごみの他，排水，糞尿の有効リサイクル利用が久しく懸案とされている理由の一つになっている．ちなみに，この点を配慮して石川県下で初めて農村地域において民家500～600戸，約2,500人居住の地域から出る下水を集め，個体と液体を分離処理する際に固型部分を脱水，発酵，肥料化し，これを発生農家を含め地元の農産物づくりや緑化木などに利用する方式の施設が中能登町において農林水産省の補助で作られ運営されている．

　この方式の長所は，工場等の産業排水が入らず，生活系のみの汚泥がまとまって集められ，出す方の住民が下水の行方を見られる近さでリサイクル利用できる形に変化することである．省資源や環境教育，啓蒙上も役立っている．排出される肥料は粒状で，窒素やリン酸成分が5～7％含み，撒き込み，撒きすぎしない濃度となっており扱いやすい．ただ，カリ成分が1％以下と少ないので草木灰や市販のカリ肥料を併用する必要がある．肥料中の窒素成分は化学肥料に比べて，ゆっくり植物へ肥料効果を現すので，作物にもよるが窒素目標施用量の1.5～2倍施す配慮がいる．

　またこの肥料の効果は，カルシウムやマグネシウム，ケイ酸などを含む地域産資材，たとえば能登産カキ殻粉末，貝化石粉末，火力発電所の石炭灰（フライアッシュ），ケイカル粉末併用により慣行法に比べ使用法によっては，卓越した効果のみえることが分かった．また，危惧される重金属の影響もないことが試験で明らかになった．

　油や各種資源の減少などにより肥料など農業用資材コストも上昇する折，酸性化に象徴される肥沃度の低下が進む地域の土を元気にし，安心な農産物と緑を確保するのに必須な土の肉と骨を地元の廃棄性素材を用いてつくり利用することは，地域の確実な活性化につながる．

　ちなみに，実際の現場で使われる際には，播種や苗移植の少なくとも1ヶ月から3週間前までに土へ施し，土とよくなじませておくことが望ましい．この肥料は微生物の働きで分解し，植物へ吸収され，肥効を現すので冬期や早春など寒い時期に生育する作物へ施す場合には，速効性の窒素を含む化学肥料とあわせて使うのが望ましい．

（1）農村集落の排水から有機質肥料

工場などの産業系排水を含まない農村集落の下水道汚泥は，その発生源から安全な処理（脱水，発酵，造粒，乾燥）により，耕地，環境に還元利用できる肥料となる．

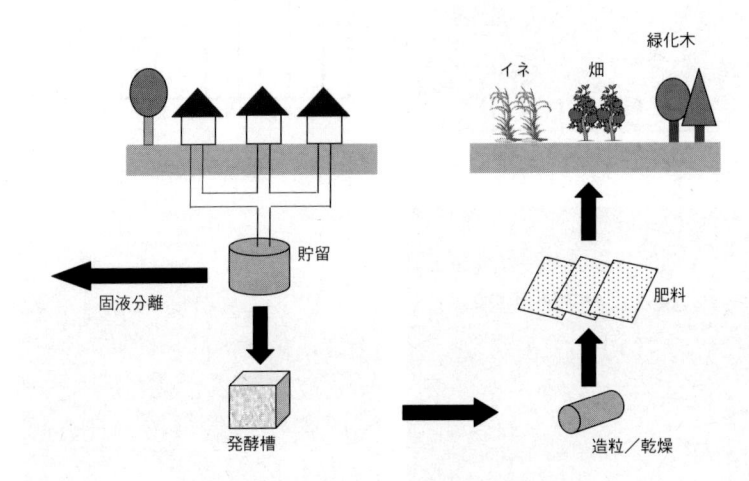

図3.24 中能登町成人2,380人処理施設（例）．

表3.15 含有成分例（％）．

水分	全窒素	リン酸	カリウム
15.0	6.8	7.9	0.6

（2）有機質肥料を施した野菜の生育と重金属濃度

中能登町の土壌4kgに肥料を窒素成分で1g全量基肥でコマツナを育てた場合．図3.25，26のように半量汚泥区の生育が勝り，コマツナ中の重金属濃度は危惧されなかった（表3.16）．

（3）地域産肥料と併用施用で増収へ

供試有機質肥料に三要素以外のカキ鉄などを施用するとさらに効果が増すことが分かる（図3.27）．

【石川県農林漁業まつりパネル展示，2005年10月15日，16日】

図3.25　コマツナの生育状況.

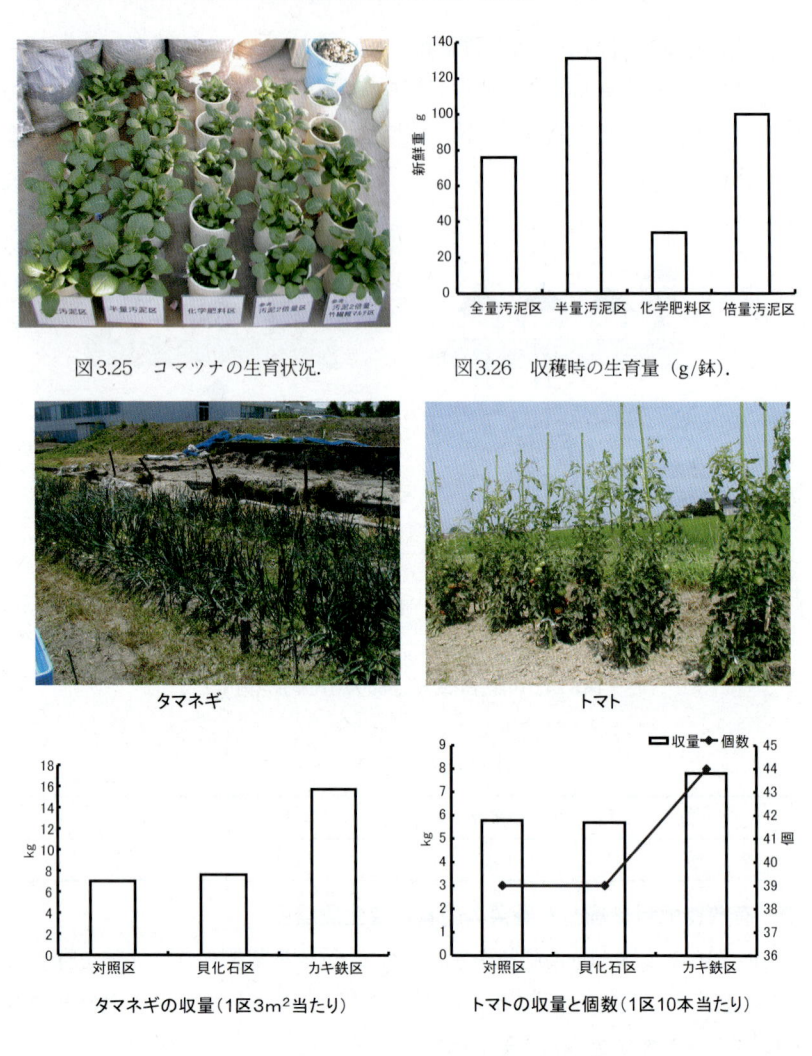

図3.26　収穫時の生育量（g/鉢）.

タマネギ

トマト

タマネギの収量（1区3m²当たり）

トマトの収量と個数（1区10本当たり）

図3.27　七尾西湾カキ殻鉄肥料や貝化石肥料との併用効果.

表3.16　コマツナ中の重金属濃度（乾燥試料中 ppm）.

	全量汚泥区	半量汚泥区	化学肥料区	倍量肥料区
カドミウム	0.247	0.364	0.384	0.330
銅	3.32	3.30	4.04	3.66
亜鉛	29.3	43.9	50.4	38.7
ニッケル	1.50	1.82	1.20	1.52

植物体中の重金属濃度はいずれも許容値以下である．

表3.17　土壌中の重金属濃度（例，ppm）.
供試肥料約400kg/10a施用コマツナ栽培跡地.

	カドミウム	銅	亜鉛	ヒ素
中能登町原土（対照）	0.078	0.78	10.7	2.18
肥料施用畑	0.096	1.58	14.9	3.64

いずれも許容値以下

3.11 繊維類の農業分野への利用

北陸地域には繊維関係メーカーが多い．今後，繊維類の農業方面への利用

図3.28　竹繊維を土壌表面施用し，白い寒冷紗を用い無農薬でコマツナ，シュンギクなどを栽培．QS農法準用．（石川県立大農場：2005年11月）.

図3.29　繊維を緑化へ利用する例
（伊東志穂 作）.

途はさらに開ける．例は次のとおり．
- 育苗…各種の苗を育てる資材へ利用（物理性応用）
- 根圏保護…緑花木苗の根をつつむ（作業性）
- ハウスの水耕栽培などにおける吸水，根系支持補助材
- 防虫用あみ…減，少農薬栽培，有機栽培に利用（図3.28）
- 有機質肥料，堆肥などのネット袋による施用
- 花苗培土ネット（袋，容器），樹木局所施用ネット（袋他）（図3.29）
- 法面保護用　工事，緑化，防災（土壌浸食対策）
- 大型の網目袋…生分解性廃棄物などの堆肥化を袋の中で促す．そのまま最終現場（畑など）まで容易に運べ，取扱いしやすい．ネットであるため通気作業不要，露天置きではかん水不要．
- 農業排水，生活排水，汚水浄化（用排水路などに設置）－水質浄化，中水の製造…農村環境保全へ利用
- 汚水から繊維の縦浸透（毛細管現象，蒸散）利用による水質浄化（図3.30）
- 温度管理を要する栽培施設での補助材
  その他（各種ひもの類）

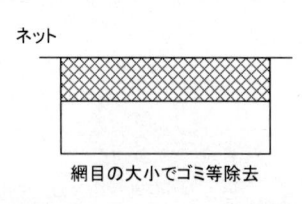

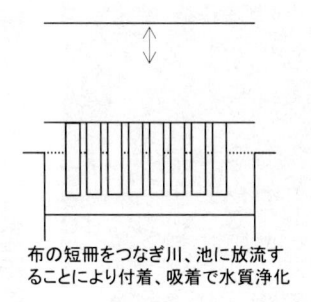

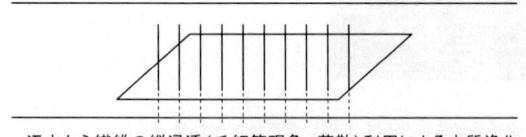

ネット
網目の大小でゴミ等除去

布の短冊をつなぎ川、池に放流することにより付着、吸着で水質浄化

汚水から繊維の縦浸透（毛細管現象、蒸散）利用による水質浄化

図3.30　繊維による汚れた河川水の浄化法例（長谷川和久原図）．

3.12 捨てられる地域の材料から新しい商品提案

捨てられる材料からは図3.31（例）のように多様な二次品などが生まれる．

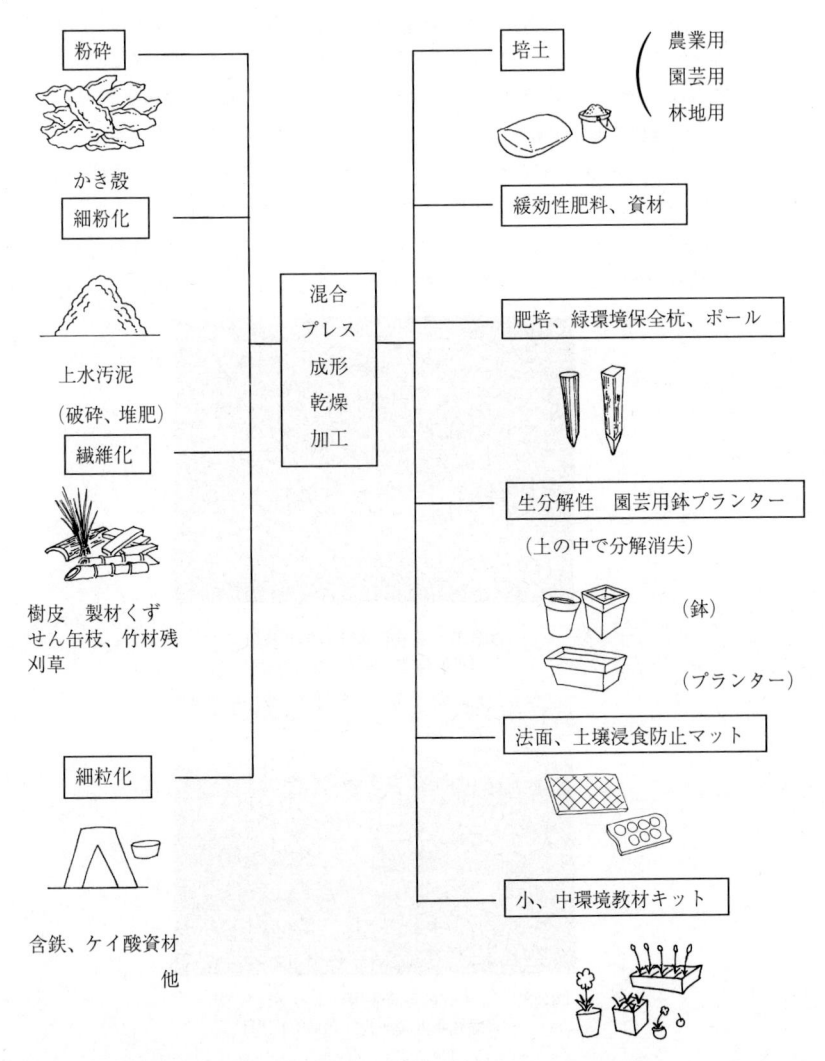

図3.31 地域産廃棄物から新しい農材の製品化（長谷川和久原図）．

第Ⅲ章　環境の生物性廃棄物資材と利用，堆肥化

参考3.6　植物工場野菜

　労力不足や無農薬，安定供給，年間を通じて作業できるなどの事項に関連して屋内で野菜を栽培するいわゆる植物工場への関心は一般に高い．長所は無洗浄，無農薬，安定供給のほか歩留まりが良くゴミの問題に良いことなどがあげられている．他方いまだ広く普及に至らないのは，自然で作られるものが良い，味が良くない，高い，価格を上まわるなどのメリットを感じない，本物志向にこだわれば露地物になる，など消費側の多様な考えによる．ちなみに，この工場産品は消費末端で環境保全型農業で生産されるものと一部競合する．

　今後中国などの国々が経済力アップにより我が国が今までのように安く，食料を輸入できない環境になれば，あらゆる技術的手段で自給率を上げる努力が払われる．この中にはエネルギー源の違いは別にしても確実に植物工場が入る．また改良によりコストダウンされた最新の「植物工場」のユニットは逆に日本から海外へ輸出できる商品ともなる（図3.32, 33）

図3.32　養液によるトマト栽培
（石川県加賀市大聖寺，梅田農園）．

図3.33　イチゴの養液使用による高設栽培
（愛知県渥美半島：2003年2月）．

参考3.7　食品の三次機能

　食品の一次機能（栄養素），二次機能（味や香りの成分）に加えて最近，人間の健康のために役立つ，働く作用（三次機能）が各方面から注目されている．たとえば抗菌作用，生物的抗変異作用．ちなみにダイコンの辛み成分MTBITC（図3.34）は脂溶性抗変異原とされ，発がん抑制作用のあることが明らかになっている．青首大根を皮とともに大根おろしするとシロンナーゼ活性を高く維持でき，発がん抑制の機能性が高くなる．

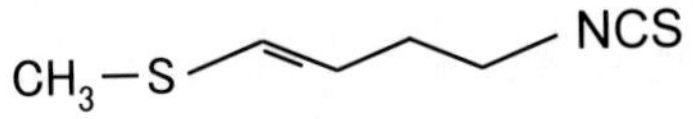

図3.34　だいこんの生物的抗変異原 4 - methylthio - 3 - butenylisothiocyanate（MTBITC）．

【中村孝志　京野菜の新たな食品機能性　農業生産技術管理学会平成18年度シンポジウム講演より　長谷川メモ】

第Ⅳ章 未利用資源を使う
― 地域資源 貝化石, カキ殻およびFA ―

4.1 貝化石(肥料)の産状と性質,肥効

富山県西部から石川県中能登地方にかけて丘陵部で石灰質砂岩層中に貝化石が確認されている．これは2,000～2,500万年前の日本海(富山湾)沿岸の隆起，陸地化に伴って，海棲貝類などが化石化，地中堆積したもので外観上ぼろぼろに風化している．層の上部は，植生で被覆されており，多くは林地となっている．貝化石を産する層は狭いところでも数cm，厚いところでは数十mとなっており，露頭が多くみられる．埋蔵量は，約2億tと推定されている（口絵.9）．露天掘りで現在採掘され，粗砕→粗ふるい→回転キルン（ドライヤー）→ふるいの工程を経て計量，袋詰，出荷されている．

構成する主成分は，方解石型の炭酸カルシウムとケイ酸で，その化学性は表4.1の通り．pH約9のアルカリ性である．一見ケイカルと似ているが，土壌に対する反応性は図4.1，4.2のように酸度矯正効果がマイルドで，炭カルとケイカルの中間を示す．加えて持続的にゆっくり効果を発揮する．各種土壌および作物に対する施用試験から貝化石肥料の肥効発現機構は，図4.3のようであると判断した．天然品のためいつでも，どこでも，安心して

表4.1 供試北陸産貝化石粉末およびケイカルの化学性

試料	pH (H_2O)[1]	アルカリ分 (%)[2]	交換性塩基 (me/100g)			CEC
			Ca	Mg	K	
貝化石	8.8	37.6	73.6	4.5	0.2	4.1
ケイカル(砂状)	8.9	33.6	40.1	9.0	0.2	4.2

1) 1:2.5. 2) 0.5N HCl可溶，CaO換算．

使える肥料で，現在有機質肥料栽培には必須といわれるくらいに普及が進んでいる．

（注）詳細は長谷川和久著「貝化石肥料の肥効と利用」農業および園芸63巻6号（1988）～64巻3号（1989）に7回掲載を参照．

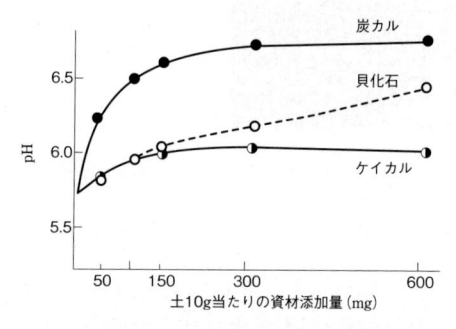

図4.1　加賀土壌*に対する貝化石の酸度矯正能
　　　　（*砂壌土 pH5.7　全窒素0.11％ CEC10.0me）．

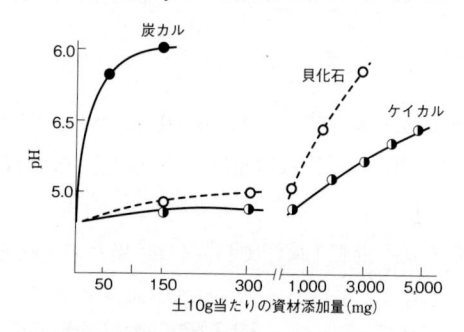

図4.2　能登土壌*に対する貝化石の酸度矯正能
　　　　（*壌土 pH5.3　全窒素0.12％ CEC 28.6me）．

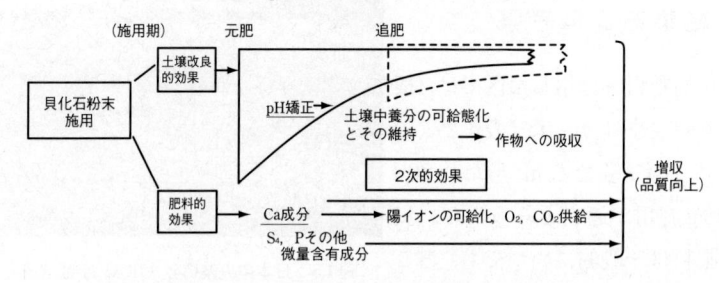

図4.3　貝化石肥料の肥効発現機構（粒状品もほぼこれに準ずる）．

図4.4 貝化石肥料施用圃場．ミカン園は「耕して天に登る」という，千枚田，棚田と並ぶ土地利用の1つに見られる．長い歴史が積み上げられた貴重な耕地である（香川県仁尾町：1992年10月）．

4.2 芝に対する貝化石肥料の効果について

　相対的に管理経費が少なく，グリーン，芝地を管理維持する技術への関心が高い．これに関して安全な資材で比較的簡単に施用できる芝の肥培資材の1つとして，天然の貝化石肥料を現場ではどの程度施すのが妥当かを検討した．対象の調査地は競走馬用の草地および水田転換畑地である．

(1) 調査方法

①栃木県内のJRA芝地においてm^2当たり200g, 500g, 1,000g, 200g＋バーク細粒品2kgの施用区と対照区を設け，芝（和芝）の生育を観察した（図4.5）．
②転換畑において生ごみ堆肥（試作肥料）をm^2当たり3kg施用した上に①と同様に貝化石を施用した場合の芝（ペレニアルライグラス）の生育を観察した（②の結果は省略）．

(2) 結果および考察

　貝化石肥料を施用した区では，根の張り具合がよかった（表4.2）．
　いずれの試験でもm^2当たり200〜500g施用が適当とみられた．貝化石肥料は一般的にいつでも，どこでも，他の肥料とも混合など広く汎

図4.5 日本中央競馬会（JRA）宇都宮研究所，芝の管理試験地．

表4.2 芝地に対する貝化石肥料施用試験結果（例：栃木県内JRA研究所試験地）

区名 （貝化石施用量10a当たりkg）	草丈（平均cm）	乾物重（10a当たりkg）		
	8/20	8/20	10/3	12/5
対照区	5.2	39	60	7
A区（200）	5.9	58	105	8
B区（500）	5.8	56	155	9
C区（1000）	6.0	45	125	7
D区（堆肥使用）	5.5	31	62	6

用使用できるが，芝施用の場合裸地の被覆，抑制的に芝を生育させるか，青々と見栄えよく生育させるかなど，目的と場所によって具体的な使用量を変える必要がある．

以上の結果から本調査では，芝の維持管理に供試肥料は有効であると考えられる（技術資料，竹中産業参照）．

4.3 能登半島のカキ殻より新しい肥料

能登産カキ殻を原料とする新しい肥料によりキュウリが健全に育ち，かつ被害を受けやすい土壌病害に強い効果を発揮し，良質のものが多収できる展望を示した．

窒素肥料10a当たり30kg施用条件で，キュウリの1株当たり新しい肥料150g苗直下施用するか否か（するかしないか）でキュウリの生育，収量，病気被害状況等を観察した．その結果，管理する併用技術のいかんによっては，無施用の場合に比べて10〜40％増の増収が分かった．ちなみにガラス温室やビニールハウス栽培では作物が土壌由来の病害にかかりやすい．キュウリも典型．

図4.6 七尾西湾のカキ殻集積場の1つ（石川県七尾市）．

試験条件：
　ガラス温室条件
　　　　対照区　　　窒素，リン酸，カリの3要素肥料のみ施用
　　　　　カキ鉄肥料添加区　　　上記に，株当たり150g施用
　　　　　　　窒素肥料は10a当たり30kg施用，点滴かん水条件
　　　その他の処理はない（結果等，口絵.4，資料11参照）
　（注）北陸産業（株）製　カキ鉄肥料の主な原料組成
　　穴水カキ殻粉末 20％，鉄を含む転炉さい 75％，粒状化のり材 4％

参考4.1　動物の殻類の化学成分

表4.3　動物の殻類の化学成分（％）の比較（門，1958）．

動物の種別	$CaCO_3$	$Ca_3(PO_4)_2$	$CaSO_4$	$MgCO_3$	FeO	SiO_2	有機質
腔腸動物							
アカサンゴ類	83.3	—	—	3.5	4.3	—	7.8
環境動物							
カンザシゴカイ類	81.0	—	—	1.3〜7.6	—	—	—
軟体動物							
カラスガイ類	98.0	0.5	—	—	—	—	1.5
イガイ類	93.9〜94.0	0.1〜0.5	0.2〜0.4	痕跡〜1.4	痕跡〜1.4	—	5.2
カタツムリ類	95.2	0.9	—	—	—	—	3.9
真珠	92.9	痕跡	0.3	痕跡	—	0.4	5.3
イカの甲	85.0	痕跡	—	—	—	—	—
節足動物							
イセエビ類	68.8	14.7	—	—	—	—	16.5
カニ類	49.3	3.2	—	—	—	—	44.8
棘皮動物							
ウニ類	86.8	—	1.4	0.8	—	—	9.8
軟体動物							
カキ*	86.4	0.68	—	1.37	—	—	1.8

*橋本ら

表4.4 カキ殻粉砕物と石灰岩粉砕物の化学的組成の比較.

	水分 (%)	N (%)	P_2O_5 (%)	K_2O (%)	CaO (%)	MgO (%)	NaCl (%)	Mn (ppm)	Fe (ppm)	B (ppm)	Zn (ppm)	Cu (ppm)	Mo (ppm)
カキ殻	9.5	0.28	0.23	0.17	46.6	0.65	0.78	300	413	440	89	16	2.1
石灰岩	0.2	0	0.02	0	53.1	0.15	0.09	5	300	痕跡	−	−	痕跡

4.4 七尾西湾カキ殻肥料のコシヒカリに対する効果

　七尾西湾産カキ殻肥料(カキ殻配合ケイ酸肥料・造粒品)の水稲コシヒカリへの施用効果を例示すると加賀平野の沖積水田で表4.5の比較試験では表4.6, 図4.7のとおりである. 穂数(茎数)増という形でプラスの効果が現れた. またわら中のカルシウム含有率が高まる.

表4.5 水稲の栽培試験(1999年).

試験区名	処理(a当たり施用量)
A 窒素・籾殻堆肥・カキ殻・ケイ酸施用区	窒素添加籾殻堆肥50kg, カキ殻入りケイ酸肥料20kg
B 窒素・籾殻堆肥施用区	窒素添加籾殻堆肥50kg
C 籾殻堆肥・カキ殻・ケイ酸施用区	籾殻堆肥50kg, カキ殻入りケイ酸肥料20kg
D 籾殻堆肥施用区	籾殻堆肥50kg
E カキ殻・ケイ酸施用区	カキ殻入りケイ酸肥料20kg
F 対照区	無処理

表4.6 水稲の収量調査結果(2000年).

	対照区	カキガラケイ酸施用区
最大草丈(cm/茎)	84.8	86.1
稈長(cm/茎)	66	66.4
穂長(cm/穂)	20.4	19.7
茎数(本/株)	23.9	26.8
一穂着粒数(粒/穂)	88.6	88.8
登熟歩合(%)	86.9	85.5
玄米千粒重(g)	23.3	23.3
1株当たり玄米重(g)	42.9	47.4
精米収量(g/株)	38.6	42.7

刈取日:2000年9月13日.

第Ⅳ章　未利用資源を使う－地域資源　貝化石，カキ殻およびFA－

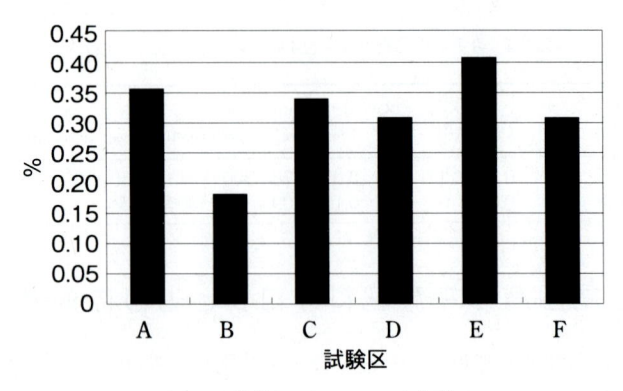

図4.7　茎葉中のカルシウム含有率.

休憩　―青いバラ―

　カーネーションやキクにもバラと同じく青色色素（デルフィニジン）がないため青い花の品種がなかった．フラボノイド3',5'-水酸化酵素（F3'5'H）がないとデルフィニジンができない．そこで青い花のパンジー中のこの酵素遺伝子をバラに導入した場合にのみ大量のデルフィニジンを生産した．……のべ 10,000 系統以上の形質転換バラを開花させ，この中から青い色を呈したバラを得た．

【文献　田中良和：不可能といわれた青いバラに挑む，化学 Vol 60.No.4 p.30－31（2005）】

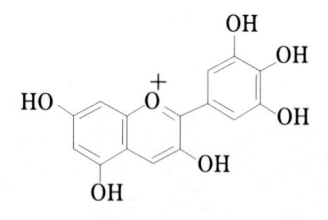

図4.8　デルフィニジン（青色色素）.

図4.9　美しいバラは土質で決まるともいわれる．ミネラル豊富なベッドに工夫が払われているローズギャラリー（静岡県御殿場市）.

4.5 見直される珪藻土資源

(1) 半島地域振興への期待

　能登半島は石川県で5割弱の面積を占めるが，人口はわずか20万余で県全体の4分の1にすぎない．地域の7割は林野である．また主な産業として出稼ぎがあげられるほど，典型的な過疎地域で，地域の振興策が待望されている．

　このような半島地域において，かつて海底にあったが，その後の地殻変動で隆起した部分に，珪藻由来のケイ酸を主成分とする珪藻泥岩（通称珪藻土）を埋蔵する地帯が和倉，輪島，珠洲を中心に点在している．埋蔵量は約50億 t と推定され，全国に例を見ない量とされている（口絵.8）．

(2) 新たな視点での珪藻土利用

　日ごろ，我々は生活の中で能登の珪藻土は炭火で焼き魚や鍋物を作る際に使うコンロの原料としてなじみが深かった．しかしプロパンなどの化石エネルギーへの燃料転換が進んだ影響で，コンロの原料としての需要は減り，現在の主な用途は耐火レンガとなっている．他に石川県工業試験場で開発された比較的付加価値の高い合成ゼオライトやろ過助剤などへの利用も一部みられる．しかしこれらはいずれも競合品とのコスト競争を余儀なくされている．

　能登珪藻土の理化学的特性については約20年前に県工試と金沢大の共同研究班によって明らかにされている．にもかかわらず既述のように用途が特定の分野に限られている．このように利用が片寄った一因は研究，開発に携わった研究機関や行政の対応の影響と思われる．また一面，農業関係者などに頭から，珪藻土について「かさばり（比重が小さいため），イオウ分（硫酸根）を含みかつ強酸性のもので，農耕地へ利用するのは問題である．むしろ耕地から排除すべき物．」との先入観があった節がある．珪藻土も詳しくみると中性，酸性あるいはアルカリ性に近いものなど産

状によって性質が異なっている.

今日産業活動の各分野における技術革新が著しく,様々の新しい素材やこれを加工した二次素材が求められるようになった.能登の珪藻土もハイテク・先端産業(※バイオ,ニューセラ,メカトロ)技術実践の一素材,関連素材として今後使われる可能性がゼロとは言えない状況なのである.新しい視点での珪藻土の見直しが緊要だろう.

(3) 農業方面への利用

筆者が珠洲産珪藻土を農業面へ素材として利用を検討した成果の一端は次の通りである.①化学肥料の製造.珪藻土は各種成分の吸着,保水性を有し,かつ天然産品のため公害性の物質を含んでいない.これらの特徴を利用し,窒素,リン酸およびカリの三要素を同時に含む化学肥料を製造した.試作した肥料はいずれも市販の肥料に比べ欠点はみられなかった.できる肥料の形状を粉,粒に選択すれば作物への肥効を早めたり,遅めたりすることもできる.②有機性肥料の開発.半島地域内から出る家畜の糞尿や水産加工業から出る魚のあら混入汚水などの処理・補助剤として粉体の珪藻土が使える.得られた被処理乾燥物は有機性の肥料として地元の農地へ還元できる.このことは更に,珪藻土がとり持つ農,水産,緑のコンビナート造りにもつながる.その他,土壌などのペーハー安定・矯正資材,珪酸質資材,育苗用資材などにも使える可能性が高い.

(4) 開発と産業育成への整備

半島地域は交通の不便さと工業用水の絶対量不足によって素材搬入型産業の立地は厳しい.この中で素材があり,関連の研究・応用成果等の芽が育っている珪藻土利用型産業の育成は地域振興上,重要で,今後の利用のための受け皿,環境整備が切に望まれる.

【北陸中日新聞1984年8月20日朝刊に概要掲載】

4.6 珪藻土の農業用資材への応用
―地域振興へ見直される能登半島の資源―

(1) はじめに―いま能登の珪藻土がなぜ注目されるのか―

　忘れられたような存在であった能登半島の地表下に埋蔵されている珪藻土が今脚光を再び浴びる主な要因は次の通りと考える．
①地域における莫大な未利用資源と考えられること．推定50億t弱と見られている．この量は農業面において，稲作に際し最も多量に施用されるケイ酸カルシウム（通称珪カル，一般に10a当り160～200kg施用が望まれている）の全国総消費量，年間100万t弱に比べた場合，いかに大きい数量であるかが容易に想像できる．
②この資源をてこに多少にかかわらず能登半島地域の雇用創出，半島振興が図れないものかと関係者から期待と希望が寄せられている．これは当然のことと思われる．
③可能ならばハイテク・高度先端産業技術実践の素材としての利用，例えばバイオテクノロジー，ニューセラミック，情報・機械電子工学（メカトロ）などの関連素材として使えないかと望まれる．
④このような利用への条件が万一整備されなくとも，せめて地元で新たな視点から珪藻土の一次利用ができないものかと見られている．

(2) 珪藻土が広く利用されなかった一因

　今まで炭火で煮，焼きをするコンロの一種として我々の生活に，珪藻土はなじみが一般に深かった．しかし現在では一部を除き灯油，プロパンに燃料転換が進んだため，用途は変化を余儀なくされている．今のところ主に耐火レンガあるいは比較的付加価値の高い，石川工試で開発された合成ゼオライト[1,2]ろ過助剤[3]などに利用が見られる．
　珪藻土についての基礎的研究が約20年前に行なわれている[4]にもかかわらず，利用がこのように産業の特定の分野に限定されているように一

見思えるのは次の理由によると考えられる．研究，開発に携わった研究機関の部門あるいは協力したメーカーの人達による影響とみられる．

ちなみにたとえば農業，水産方面への利用についての検討成果は殆ど見当らない．しかしながら，反面このことについては農業関係者自身の，理解にも配慮が十分でなかった点があると思われる．すなわち，頭から珪藻土について，かさばりかつ強酸性なもので農耕地に利用するのは不向きなものとの見方から，「じゃまなもの」，「排除すべきもの」との先入観がなかったか．能登の珪藻土といっても，珠洲，輪島，和倉の各産地や採掘地点によって酸性のもの，中性に近いもの，アルカリ性に近いものなどと理化学性が異なる．このような状況を直視せず，一律に珪藻土全部を安易に扱うのは利用上，妥当か否か検討の余地がある．

(3) 珪藻土の農業方面への利用

筆者が珠洲市飯塚産の珪藻土を供試して，農業方面への利用について検討した事例を以下2, 3紹介する．

1) pH矯正・安定資材としての利用

①灰緑色珪藻土のpHは3以下の強酸性である．これをpHの比較的高い土壌，たとえば砂丘地土壌に0.5～1％程度加えるとpHが0.5～1近く下る（図4.10）．

実際の農業において耕地の全面を1近く下げる必要性のある場合は比較

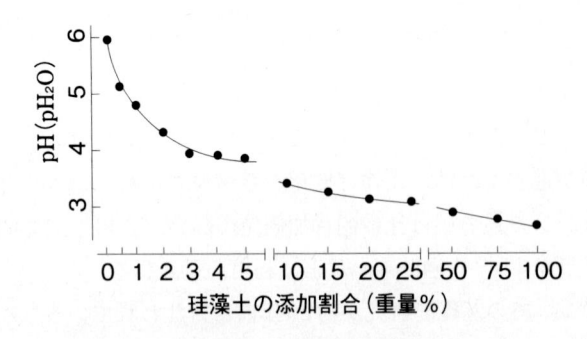

図4.10 砂丘地土壌のpHに及ぼす珪藻土添加の影響．

4.6 珪藻土の農業用資材への応用

的まれである．一般には根圏土壌あるいは施肥層（帯）付近だけを下げればよいわけだから，比較的少ない施用量ですむ．ちなみに砂丘地土壌では10a当りの施用適量は200～300kg以下とみられる．

② 当地域では水稲機械移植用箱苗の育苗用床土に，金沢市の森本土壌など山地未耕地の下層にある酸性の砂壌土が多く使われている．しかし①の応用で，既存の農家の自家水田土壌に珪藻土を加え，育苗に供することが可能である．今後若干の試験的検討を要するが従来のように大量の床土を遠くから運んで来る必要性は少なくなる可能性が高い．

2) 珪藻土入り複合肥料の試作

珪藻土は各種成分の吸着・保水性を有し，2:1型の粘土鉱物を含みかつ比重が小さいことなどの特徴を有する．このことを利用して，これをバインダーとした窒素，リン酸およびカリウムを同時に含む化学肥料を試作した（図省略）．

粉状品および粒状品を実験室規模で製造した．粉状のものは早く溶解するので比較的早く作物へ肥効の発現を期待したい場合に利用できる．他方粒状品は比較的遅れて溶解するので，緩効的な肥効を求めたい場合に便利である．このように肥料の形態については目的，用途に応じて対応が可能である．

ちなみに試作した珪藻土入り複合肥料の作物に対する効果は市販の肥料に比べて特に短所は見られない．

3) 農業用珪藻土二次品の試作

珪藻土に他の物質・素材を添加し農業

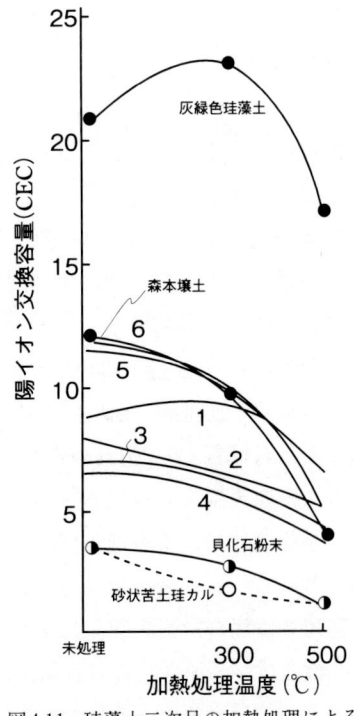

図4.11 珪藻土二次品の加熱処理による陽イオン交換容量の変化．
試料：1．珪藻土1+貝化石2，2．珪藻土1+貝化石3，3．珪藻土1+貝化石4，4．珪藻土1+貝化石5，5．森本砂壌土9+貝化石1，6．森本砂壌土19+貝化石1（重量比）加熱時間，300℃，500℃各1時間．

上利用価値の高い土壌改良剤試作のための基礎的検討を行なった．たとえば珪藻土に種々の割合で地域産貝化石[7]などを添加し，加熱処理をした場合，陽イオン交換容量の変化がみられた（図4.11）．このことの応用については検討しているところである．

(4) 今後更に検討すべき具体的資材

　珪藻土の農業的利用に際して，前項で述べたものの他にこれからの研究開発によって具体的に利用，商品化しやすいと見られるものを筆者の研究経過から，以下私見として例示する．

①各種の固，液相のpH安定剤
②自重の2～3倍の水を吸うことを利用した乾燥剤，乾燥補助剤．またこの性質を更に広く農薬，スラリー品，ゼリー品，その他の増量剤などに応用できる可能性がある．
③粉体を粒状化する際の結合剤．二種の本来結合しにくいものにバインダーの働きを求める．他に吹付剤としての利用が考えられる．
④吸収剤としての利用
　畜産汚水等の処理剤・助剤．鶏糞・糞尿やその他気体，液状産業廃棄物などの吸着・処理剤．さらにこれらの肥料・土壌改良資材としての利用．たとえば有機質(性)肥料や資材．

　特に畜産業由来の糞尿あるいは水産加工業由来の魚のあらなどと珪藻土の添加処理による有機質肥料・資材の開発については以下の長所・特徴が考えられる．糞尿等を資材の添加で処理し，更に商品として農業的に利用する場合，従来糞尿に炭酸カルシウムや消石灰など石灰質のアルカリ性資材が添加されている例が多い．一部ではこれを適当に乾燥して，農作物に施用することが一般に行なわれている．この方法では原材料である糞尿等の中に含まれている水溶性のアンモニアなどの窒素成分のうちかなりの部分が石灰成分との反応に伴なう発熱とアルカリ化によって，しばしば異臭を伴なって揮散・脱窒する．これに比べて中性ないし酸性の弱い珪藻土を添加処理した場合にはこのような窒素成分の損失は防げ

る．また処理によって出来た有機質の資材は水溶性のアンモニアなどを主とする速効性の窒素とたん白質などの有機態の相対的にゆっくり分解する窒素からなり，速緩兼ね合わせた有用な自給的窒素質肥料の代替品となる．

ことに地域性との関連で，有機物の乏しい赤かっ色で強酸性の山地土壌を開墾し，大規模な畑地を造成中の能登半島地域では，広く利用が望める農業用資材として有用とみられる．

すでに能登半島地域に立地する養鶏，肥育牛・酪農各農家や水産加工業から出る鶏糞など廃棄物の処理と畑地の地力富化と肥沃度維持のためにこれらを営農的に利用することを考えた場合，展望は決して暗くない．

⑤木材関連パルプ製品との二次品や素材の強化剤

例えば障子紙，ふすま用紙など．バーク（樹皮）との加工品．

⑥育苗資材，補助用材の代替品

種苗埋めこみロール紙の開発，…これはそのまま土の中に埋めこめる．タバコ苗育苗用鉢の代替品．いずれも土中で容器が崩壊するような材質強度が望まれる．

⑦その他．珪酸質肥料や資材

ただしこれらの研究開発にあたっては販売する際競合すると思われる既存品たとえば，バルーン剤，石こう，珪酸カルシウム資材，高分子品，アルミナ系資材，その他類似品の特性ならびに供給体制，市販価格などをよく調べておく必要があると思われる．

(5) 結び－利用の課題と試験研究の必要性－

以上の考察から珪藻土利用上の留意点などを列記すれば次の通りである．

①公害性の物質を含んでいない莫大な埋蔵資源（50億 t）を新しい視点から，有効に利用するとの考え，構想が必要である．

②利用にあたっては基本的に化学性，物理性あるいはこれらの複合効果などのうち何を利用するかを明確にする．

③地域産の資源と他の素材（農産，林産，水産関係の各資材）との結合可能な利用形態，能登半島における珪藻土の活用を組み込んだ緑のコンビナート形成などの配慮も必要である．
④付加価値を高める産業利用の視点
　先端産業技術の実践に応用されうる基礎・応用試験・研究にどう利用してゆくかの配慮
⑤県内および既存の研究基盤と人材の見直しおよび産業の担い手育成
　新たな珪藻土の研究体制の整備と見直しならびに研究者を含め関連産業の担い手の育成と確保も重要である．
⑥能登半島地域の基本的振興対策への珪藻土利用構想の組入れおよびこれに伴なう環境作り（研究，教育投資ほか政策的支援体制の確立など）の必要性も高い．
　以上私見を交え能登半島の珪藻土に関して農業上利用する場合の問題点などを紹介させていただいた．このような機会を与えて下さいました石川県工業試験場島村茂場長および岩松基茂化学食品部長ほか関係各位に深く感謝致します．
　これは1984年6月23日　石川県珠洲市商工会議所で行なわれた石川県工業試験場主催「一日工業試験場」において話したものである．

(6) 文献

1) 宮本正規・岩松基茂：能登珪藻土から合成したゼオライトの吸着性能　石川県工業試験場報告30,168-175（1981）
2) 宮本正規・岩松基茂：能登珪藻土から合成したゼオライトの吸着性能（第2報），石川県工業試験場報告31,142-148（1982）
3) 石川県工業試験場：珪藻土を原料とする廃水処理剤と濾過助剤の製造技術について（1973）
4) 石川県工業試験場編：能登産珪藻土の基礎研究（1966）
5) 長谷川和久：砂丘地畑作における肥効増進に関する研究（第1報），肥料成分キャリサーとしてのけいそう土の砂丘地への導入について，砂

丘研究 20, 2 号, 14 − 27 (1974)
6) 長谷川和久:砂丘地畑作における肥効増進に関する研究(第4報),能登産ケイソウ土入り粒状複合肥料成分の砂丘土壌における溶解,砂丘研究 24, 1 号, 6 − 15 (1978)
7) 長谷川和久:北陸産貝化石粉末の土壌改良剤としての特徴,日本土壌肥料学雑誌 54, 156 − 158 (1983)

4.7 石炭灰(FA)の農業利用・FAの性質,野菜に対するFAの肥培効果について

−輸入未利用資源(石炭の燃焼灰フライアッシュ(FA))等を土の骨と養分の補充へ利用する−

(1) 輸入される石炭

石炭は地殻に埋蔵された植物の化石で人類はこれを掘り出して主にエネルギーや化学製品の原料として利用している.現在,我が国では電力用,工業用などを中心にほぼ全量外国から輸入されている.日本全体の輸入量は1億5,000万t,内電力用に6,000万t使用されている(2001年度).ちなみに,日本では輸入される石炭の陸揚げの関係から臨港地に石炭火力発電所が位置している.ここでは約1,300℃で石炭が燃焼した際に未然焼部分として残るものが石炭灰フライアッシュ,クリンカーアッシュとされている.細かい灰の部分がフライアッシュ約90%,粗粒状のものがクリンカーアッシュ約10%と呼ばれる.両者合せて通常原料石炭の5〜30%排出される.

北陸地域では,敦賀,七尾,富山

図4.12 石炭未燃焼物,通称フライアッシュ.(石炭灰,FA)(沖縄県石川火力発電所:2005年9月).

新港の3火力発電所から年間60万t, 全国では750万t (2003年度) 出ている. これらは, 従来埋立て用材のほか, セメント用原料, 道路・斜面などの法面吹付け資材などに使用されてきた. 約80％が有効利用されているが, 残りは灰捨場に埋立て処分されている. ちなみに, 農業用化学肥料として窒素肥料が使われる量は年間約60万tである. 石炭灰の量が多いことがわかる.

(2) 石炭灰の性質と農業利用

石炭灰の化学性は, 表4.7のようでケイ酸, アルミナ, 鉄およびカルシウムなどが主成分である. これを農業用に利用する場合にはその物理性, 化学性を土壌改良すなわちSi施用による土の骨補強と土壌酸度pHの矯正, 鉄, カルシウムなどの植物養分施肥を目的に, 更にケイ酸施用に伴う耐病, 抗菌性増強等の複合効果を期待して利用されている. 現在これらは, 農業用として全国で約4万t (平成16年度末推定) 利用されている.

なお, 粒度の大きいものは, 農地造成の際や湿田の排水改良の際に暗きょ資材として地下数十cm～1m付近に帯状に埋設し, 浸透する地下水の横, 水平方向の排水促進に使用されている. 学校のグランド造成や排水改良にもよく用いられている. また, イネに対する養分やイモチ病抑制効果, 野菜に対する効果などは後述のようにみられる.

さらに, 特徴的なことは, フライアッシュ等を強アルカリの水酸化カリウムと反応させて製造されたケイ酸カリウムは, ケイ酸がク溶性で, これを水稲コシヒカリなどに施した場合, 効果が持続的で耐倒伏性と品質向上の両方機能するとして使われている.

表4.7 石炭灰の化学組成 (例名).

	SiO_2	Al_2O_3	Fe_2O_3	MgO	CaO
フライアッシュ (粉)	44.6～74.0	16.4～38.3	0.6～22.7	0.2～2.8	0.1～14.3
クリンカーアッシュ (粗粒)	51.6～64.0	17.3～26.9	3.7～10.9	0.9～2.6	1.9～8.8

(3) 沙漠緑化の補助材へ

ところで，筆者らは鉄分が吸収されないと植物は黄化して育たないアルカリ性土壌，沙漠地における鉄資材，肥料の開発，利用法を研究している中で，フライアッシュ中の鉄分利用に着目した．ビニールハウス内のアルカリ性土壌で陸稲を点滴かんがい条件下で栽培したところ，対照区では苗を移植しても黄化し生育せず枯れるのに比べて，フライアッシュ施用区はよく生育し，イネが収穫された．このことは，フライアッシュがアルカリ性でもこれをアルカリ性の沙漠土壌で植物栽培に際して肥料として使えることを示している．ちなみに，化学肥料不足の朝鮮人民共和国では石炭灰が肥料として広く使用されている．現在中国内蒙古農業大学と協力してゴビ沙漠において石炭灰の有効利用を図り，不毛の沙漠地を緑化し，食料生産技術向上の試験を実施している．

(4) 地域の野菜に対する効果（事例）

地域産の肥培資材はできるだけ地域で使用されるのが製造業者，農業者の両者にとって省コストにつながる．FAが沖積平野の水田転換畑において大根，カブ，ハクサイ，ネギなどに具体的に施用された効果，実績概要は図4.13～4.20の通りであった．

根菜類では10a当たり初年度FAで500kg，連用ではこれより少ない量が適当とみられた．

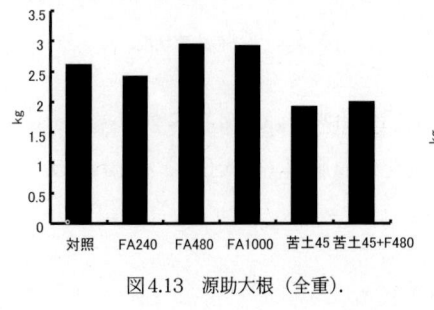

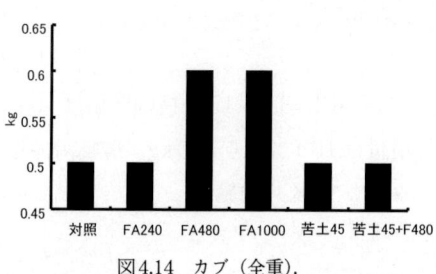

図4.13 源助大根（全重）.

図4.14 カブ（全重）.

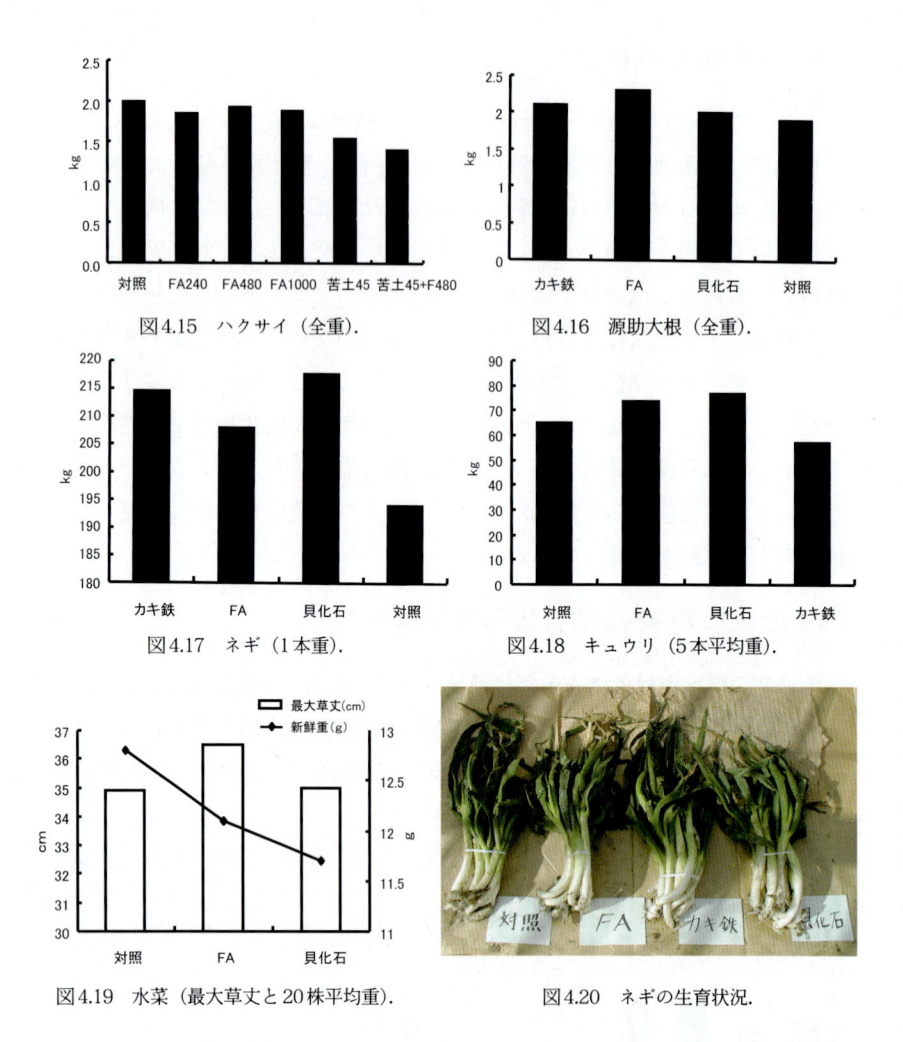

（126）第Ⅳ章　未利用資源を使う-地域資源　貝化石，カキ殻およびFA-

図4.15　ハクサイ（全重）.

図4.16　源助大根（全重）.

図4.17　ネギ（1本重）.

図4.18　キュウリ（5本平均重）.

図4.19　水菜（最大草丈と20株平均重）.

図4.20　ネギの生育状況.

（注）図4.13～4.15の横軸数値は10a当たり施肥料kg・図16～20の資材施用量は10a当たり300kg．農集汚泥堆肥化造粒肥料（窒素6％）を10a当たり1t，各区共通施用．

4.7 石炭灰（FA）の農業利用・FAの性質，野菜に対するFAの肥培効果について

コラム4.1　環境を利用した逸品づくり
－アズキ「能登大納豆」について－

　　石川県能登半島の先端珠洲地方に主として栽培されている．

　　ルーツは丹波地方（兵庫，京都）から導入されたものとみられている．一時かなり広く栽培されたが，農作業する方の老齢化，労力不足等から栽培面積，収穫量が少なくなっている．収量は10a（1,000m^2）当たり100～150kg程度と少ない．

　　品質は大粒で，着色も鮮かで濃く良いとされ，表日本の有名な和菓子店へ製造原料として多く出荷されている．ちなみに1kg1,000円程度，一般より1.3～1.5倍高い価格である．

　　ところで一般にマメ科類は根に付着共生する根粒菌によって地上部へ窒素が供給されるため，排水良好で，相対的に土壌がやせたところでも播種や初期に若干の肥料を施してやれば育つ．また赤い濃い色は鉄やカルシウム，マグネシウム，カリウムなど土中の金属成分が円滑に吸収されると鮮やかに呈色することが分かっている．

　　ちなみに珠洲地域の栽培されているところには土壌pHが2～3と低い強酸性珪藻泥岩が風化し，これが混合した台地，畑のため相対的に酸性条件にある．このことが上記金属成分を溶け易い環境とさせ，アズキにも吸収され赤色形成に好影響をもたらす．

　　珪藻泥岩をつくる珪藻は生物（SiO$_2$を多く含む）で，これが海の隆起に伴う堆積，風化により土壌とまじり泥岩となった．

　　したがって珪藻土自体は珪藻死がいのため，穴あり状態，多孔質の性状となり，通気性，透水性がよく，さらに植物生育に有効な水分の保水性が高い性質をもつ．

　　畑作物の栽培には土が粟おこし状（団粒構造）になっているのが最も望ましい．この環境では空隙を根が伸びやすく，養分，水分も土壌粒子の表面やすき間から生育に応じて供給されやすい．この点で能登の珪藻土を母岩とする畑地は一般に，堆肥や石灰などが補給された良い畑となる．肥料分が比較的少なくてよいアズキ栽培がこの地域に適しているのもこの点に関連がある．　ちなみに珠洲地方は日本海と富山湾にはさまれた地理的立地で，丘陵地が多く，気象的に昼夜の温度差が大きくなるため，実のなる作物（ここではアズキ）の登熟，歩留り，品質がよくなる環境にもある．

【NHKからの問い合せに対して2003年11月28日】

図4.21　能登半島の小豆畑，山間地の林間を利用（石川県能登町）．

4.8 キュウリへの肥効

ケイ酸を豊富に含むFA（フライアッシュ）が農作物，特にイネなどの肥料として優れた肥効をもつことはすでに周知のとおりである．

ここでは，ガラス室キュウリ栽培において見られたFAの相対的な肥効について述べる．

(1) 試験方法

供試土壌　　赤黄色砂壌土
試験規模　　畝幅1.2m×長さ8m（1区約9.6m^2）単連制
試験区構成は表4.8のとおり．品種は，四葉節成，苗定植4月

(2) 結果および考察

収穫開始後1ヶ月間の状況は，図4.22～4.24のとおりで，コンポストにFAを併用した場合の生育が良好であった．FA施用で早く大きなキュウリができる．化成肥料区では，濃度障害による生育抑制が見られた．なお収穫期間の収量は表4.11のとおりであった．

参考：2005年度でやや施肥量が低い段階では，生育抑制は見られなかった．

表4.8　試験区の構成．(kg/10a)．

区名	施用肥料	3要素施肥量		
		N	P$_2$O$_5$	K$_2$O
1　対照	8-8-8化成	59	59	59
2　カキ鉄	8-8-8化成，カキ鉄	59	66	59
3　FA	8-8-8化成，FA	59	59	59
4　コンポスト+FA	農村集落下水汚泥肥料，FA	113	81	7

・カキ鉄，FAの施用量10a当たり444kg．
・1～3区N施肥量の1/3は，基肥として3月31日，2/3は苗移植時5月8日に施肥．
・4区は，農村集落下水汚泥肥料10a当たり1.85t施用．
・カキ鉄成分，コンポスト成分は表4.9, 4.10のとおりである．

4.8 キュウリへの肥効

表4.9 カキ鉄成分.

アルカリ分	45%
石灰	25〜45%
酸化鉄	16〜22%
ケイ酸	9〜20%
苦土	3〜7%
リン酸	1〜2%
マンガン	1〜4%
ホウ酸	微量

表4.10 眉丈コンポスト成分.

水分	15%
窒素	6.1%
リン酸	4.4%
カリ	0.4%

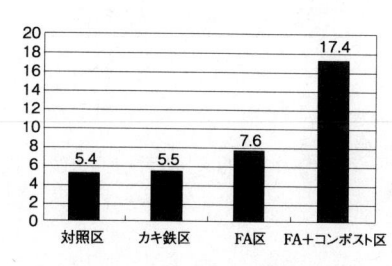

図4.22 株当たり収穫個数.
(対照区 5.4, カキ鉄区 5.5, FA区 7.6, FA+コンポスト区 17.4)

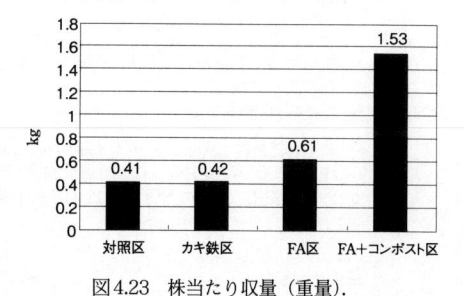

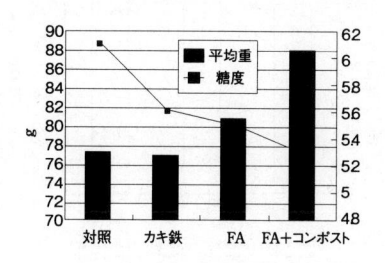

図4.23 株当たり収量（重量）.
(対照区 0.41, カキ鉄区 0.42, FA区 0.61, FA+コンポスト区 1.53) kg

図4.24 平均個重と糖度の比較.

表4.11 キュウリの収量.

試験区	株当たり		個重 (g)	100m^{2}当たり	
	個数	重量 (kg)		個数	重量 (kg)
貝化石区	55.5	5.35	96.6	7,350	709
カキ鉄区	55.9	5.97	106.9	7,567	809
FA区	57.0	6.50	114.0	7,743	883

・収穫期間5月19日〜7月9日.

4.9 ハクサイに対するFA，カキ鉄の効果

石川砂丘土，森本山地土を5,000分の1アールポットに4kg入れハクサイの栽培試験を表4.12の区構成でしたところ，対照区に比べFA，カキ鉄併用区は，いずれの土壌においても新鮮個体重量がまさった（図4.25～4.26）．

表4.12 試験区構成（ポット当たり施用量）．

	対照区	FA区	カキ鉄区
共通施用農村集落汚泥肥料（N6%）300g	○	○	○
石炭灰 30g		○	
カキ殻鉄肥料 30g			○

注1：肥料は上部2分の1の土壌に基肥混合施用
注2：2005年10月3日に約3週間育成のペーパーポット苗「信玄」をポット中央に移植．ガラス室管理，11月7日収穫

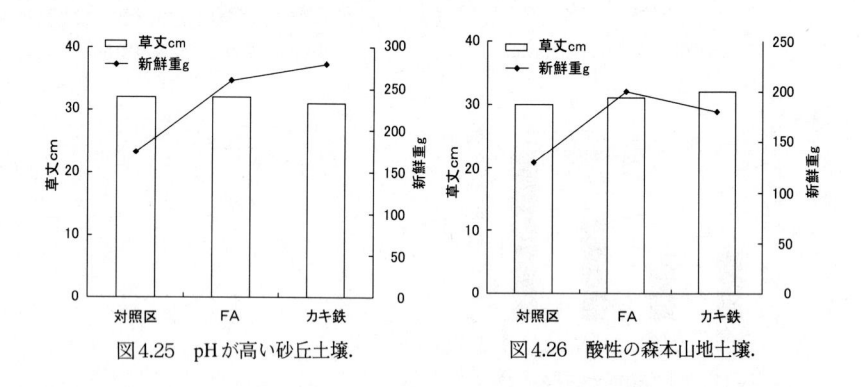

図4.25 pHが高い砂丘土壌．

図4.26 酸性の森本山地土壌．

4.10 コシヒカリに対するケイ酸質資材（フライアッシュFA，ミネラルアップMU）の効果

(1) はじめに

水稲栽培においてイネ茎葉乾物の約10%を占めるケイ酸成分をイネが継続的に吸収できる栽培環境を維持するには，圃場土壌の理化学性を配

慮した上，ケイ酸を含む肥料や資材の施肥を考えなければならない．ここでは，北陸地域で約60万t出るフライアッシュ（石炭灰）FAがケイ酸を約60％含むことに注目し，この利用を考え，地力の乏しい理化学性不良な土壌に施された場合コシヒカリに対する実際的効果がどの程度かを実験的に調べた．その結果，FAなどの効果が見られたので概要を述べる．

図4.27 参考：FA（石炭灰）+有機物（汚泥）を接合剤とする法面緑化．現場配合吹付け工法．右側，左は対照（石川県能登島町（現七尾市））．

（2）実験方法

試験は，2,000分の1アールポットで，表4.13のような性質を示す能登鹿西土壌，加賀森本土壌ポット当たり各10kgを用い実施した．

試験区構成は表4.14のとおりで，三要素施肥量はポット当たり1gで窒素はLpSS100，リン酸は過リン酸石灰，カリは硫酸カリを全量基肥で施

表4.13 供試土壌の理化学生．

	土色	土性	pH	全炭素（％）	全窒素（％）	炭素率（％）
森本土壌	褐色	砂壌土	5.0	1.06	0.10	10.6
鹿西土壌	オリーブ褐色	礫質土壌	7.1	0.39	0.03	13.0

表4.14 試験区の構成．

試験区		N-P-K 1-1-1	FA 20g/ポット	MU 20g/ポット
1 森本土壌	対照区	○		
2 森本土壌	FA区	○	○	
3 鹿西土壌	対照区	○		
4 鹿西土壌	FA区*	○	○	
5 鹿西土壌	MU区*	○		○

*1区2連制

した．ケイ酸質資材はポット当たり20ｇ基肥施用とした．フライアッシュの比較として転炉さい加工品ミネラルアップMUを供試した．コシヒカリの栽培はポット当たり箱苗1株2本立て，3株植えで，5月下旬移植，9月中旬収穫した．

(3) 結果および考察

　結果は，図4.28～図4.30のとおりである．

　供試土壌の性質を反映してイネの生育は，森本土壌の方が地力の著しく劣る鹿西土壌より明らかに勝った．このことは，特に穂数の差に大きく現れた．FAなど20ｇのケイ酸質肥料の施用有無は，草丈や穂数にははっきりとした差としては現れない．しかし，出穂後穂の形状が明らかになる一穂着粒数，登熟歩合，精玄米千粒重など生育後期のイネ健康状態，ケイ酸を含めた養分吸収の良否を反映する3項目では，酸性の森本土壌でいずれもFAを施用した効果が現れ，収量増となっている．中性の鹿西土壌では対照に比べて，FA施用で登熟歩合のみ勝ったが，これが収量増に影響した．

　2種類のケイ酸質資材を施用した鹿西土壌では，一穂着粒数，登熟歩合でMU施用区が対照区より勝った．これは，MUがマンガン5％や鉄分30％などのミネラル分を含有していることが影響していると考えられる．

　なお，供試資材のFAは粉状，MUは粒状であるため，酸度矯正などの土壌との反応性，土壌改良効果およびケイ酸などの肥料養分供給性は，短

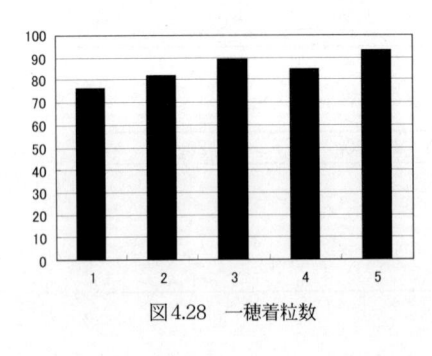

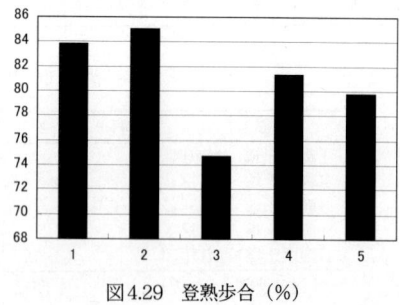

図4.28　一穂着粒数

図4.29　登熟歩合（％）

図4.30 収量（g/ポット）.

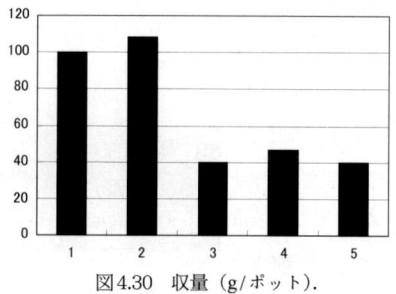

期的にFAが勝ると考えられる．転炉滓が入ったMUは緩効性と見られるので翌年作への持続的効果が期待される．

このように供試森本土壌のような酸性の強い土壌では，はっきりFAの効果が現れた．加えて中性の土壌でも同様に効果がうかがえた．

4.11 機能水と農薬や化学肥料の節減

水に電場や磁場，遠赤外線および音波処理を行い，さまざまな理化学的特性を有する水，機能水をつくり，これを農業，特に減農薬や化学肥料の一部代替機能を期待して利用することが一部で先駆的に進んでいる．機能水の産業分野での利用（例）は殺菌，湯あか（スケール）防止，食品の鮮度保持などに電解水が，植物生長促進に超音波処理（水）による利用などが報告されている．科学的な解明が十分進んでいないまま，現場の効果が見られることから利用が先行している面もある．

農業分野では，強電解水の殺菌，防除効果が利用されている．すなわち，強電解水は，水道水に微量の塩化物を添加し，電気分解してできる高機能水で，強酸性水pH2.5～2.7，強アルカリ水pH11.3～11.7である．これらは，処理効果が短期間（瞬時）にすぐ現れかつ薬品でないため農薬や殺菌剤でないところが，安全な作物の生産，食材の出荷，加工に利用される理由．

実際上，この上手な使用技術がマスターできれば短期間に環境保全型農業を実践できる1つの方法として注目されている．

ちなみに，ケイ酸質素材などを原料とし，これを理化学的処理，焼成して得られた複合半導体基板セラミック…（株）フッコ，西松建設（株），提供の「マリンストーン」およびこれを充てんしたカラムを通水処理したマリンストーン処理水：機能水の作物に対する効果を著者らが調べた結果は，次のとおりであった．

図4.31 マリンストーンの効果，検討試験例．左側2個無肥料，右側2個三要素添加．

ノイバウエルポットに山地砂壌土を300g入れ窒素，リン酸およびカリ各75mg施用，貝化石5g共通施用でコマツナを育てたところ1g（0.3％）のマリンストーン施用がよく，また，マリンストーン処理水の利用およびマリンストーンとの併用も効果がはっきり見られた（図4.31）．効果の発現理由は，コマツナが生育する土壌の理化学性改良やマリンストーン処理水の養分や有機物を分解する機能などによるものと推察される．

【参考文献：日本産業洗浄協議会編　初歩から学ぶ機能水　工業調査会（2002）】

4.12 いらかの波を緑へつなぐ
－廃棄瓦の食育利用－

晴れ間の陽光に映えるいらかの波，黒，赤茶，いぶし銀など色鮮やかな尾根瓦は，北陸の街並み風景を特徴づけてきた．木造の家には瓦がその構造上，通気性が良好なため，家の寿命を長くしていることはよく知られている．ちなみに色の違いは，釉薬の種類や酸化，還元炎，焼成温度などによる．黒色はマンガン，赤は酸化鉄入り釉薬，いぶし銀は還元炎焼成．しかし，周知の生活現代化の影響で，トタン，合成樹脂，複合材料等由来の屋根も家並に混在するようになって久しい．この影響で家の建て替えや解体により石川県下では年間約6～7万t大型トラックで7,000

台余の古瓦が捨てられるという．そのままでの投棄や埋立てが禁止されているため，有効な再利用法が望まれている．

すなわち，従来瓦は，ケイ酸とアルミを主成分とする地域産の粘土（ケイ酸 SiO_2 55〜74％，アルミナ Al_2O_3 18〜27％，鉄 Fe_2O_3 2〜6％※）を原料に成型し，釉薬（別名うわぐすり）を塗り，窯において1,000〜1,150℃以上で焼かれている．いわばレンガと同じくセラミックの仲間でもある．現在焼成には，輸入油やガスが使用されている．見方を変えれば，瓦は地殻資源の変形かたまりとも言える．なお，今まで古瓦の一部は破砕し，土木用に地盤の排水性改良代替材として使われてきた．

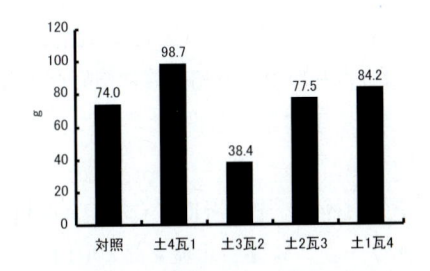

図4.32 小松菜新鮮重（2lの鉢当たり）．

図4.33 ダム湖底の土を花や育苗用の培土へ．佐久間ダムの土を造粒，袋詰めする（茅ヶ崎市電源開発（株）技術研：2006年3月）．

このような状況の反省から地域における農業，食料生産，緑化分野への利用，とりわけ安心な野菜栽培など多用な利用を試している．

たとえば，沖積水田転換の畑土壌に廃棄瓦の粉砕物径5mm以下の細品を重量で下層へ20〜30％入れると，野菜の生育が入れない場合に比べて図4.32のように生育が約30％明らかに良くなる．土の通気透水性が良くなり根が伸びる．今破棄されている瓦の多くは，粘土はもちろん，国産の薪炭や石炭で焼かれた"純国産"のものである．したがって，この例でもわかるように廃棄瓦が持つセラミックの理化学性を地域における作物栽培や緑化環境維持になお十分利用できる．ちなみに，耕土の主な組成は骨に当たる礫，砂，粘土および肉に相当する腐植である．土の肥沃

度が低下し,農作物の生産量と品質へマイナスの影響が現れている北陸では,古瓦が土の骨格補修に格好な資源の面がある.まさに身近に溢れ,環境保全型農業にも役立つ「もったいないもの」の一つである(資料13参照).

【※中村静夫,中山寿他　石川の瓦原料の項,北陸の瓦の歩み p.141　日本セラミックス協会北陸支部2001】

参考4.1　悲惨な被害－原因のカドミウム検出－

　イタイイタイ病の人体被害は悲惨なものでした.毛布一枚でも体の上に乗せると痛がるため,布団の四方に竹ざおを取り付けて天井につるし,体に触らない位置で保温するという姿を見たことがあります.幼いころは,お年寄りはああやって体が弱り,亡くなっていくのが当たり前だと思っていました.

　イタイイタイ病は地元の萩野昇医師なしに語ることはできません.萩野先生は早くから病気と鉱毒の関係に注目していたようですが,萩野病院には当時,十分な研究設備もなく,苦労していました.

　昭和33年ごろ,婦中の農業共済組合が夏期大学を開きました.いわゆる農家の勉強会です.講師は農学博士の吉岡金市先生で稲作がテーマでした.吉岡先生は参加者の話から,農作物の被害地域と患者のいる地域が一致することに気付いたのです.住民はすぐに吉岡先生を萩野先生の所へ連れて行き,これが解明への貴重な出会いとなりました.

　萩野先生は自信を取り戻し,鉱毒と病気との関係を本格的に研究しました.吉岡先生は,前から鉱毒を研究していた岡山大の小林純教授に協力を求め,流域の米,死亡した患者の骨などを分析した結果,カドミウムが検出されたのです.萩野先生は36年,吉岡先生とともに学会で,カドミウム説を発表,これが住民の本格的な運動につながりました.

　医学,農学,分析学の三者がそろったことで,原因究明が進みました.汚染田の復元事業は昭和55年にスタートしました.県は,流域一帯で玄米から規定値以上のカドミウムを検出する汚染田1,685haを対象に復元事業を行っています.汚染された表土を水田の地中に埋め,その上に砂利を敷き詰めて汚染土を遮り,新しい表土を入れるという工法で,これまでに九割を終えています.完了予定は23年度です.

【出典：小松義久　北日本新聞　平成18年6月6日,12日】

第Ⅴ章 沙漠などの緑化と食料生産へ

5.1 ゴビ砂漠で「あきたこまち」実る
―無農薬,有機米生産にめど―

　1993年秋以来,中国内蒙古自治区の最も西に位置し,ゴビ砂漠南部のアラシャン盟(盟は県に相当)から農業技術指導の要請を受け,現地で指導に当たっている.　土壌管理法の改良により食料確保と緑化を目指すもので,当面は日本稲の生産技術指導が求められている.現地は北京から約1,300km内陸で,黄河上流域.緯度的に日本の山形県あたりに相当するが,標高は1,200～1,400mのため気温からみると,本州北部から北海道に似ている.年間降水量は200mmと少なく,日照条件がよい.典型的な砂漠・乾燥地の気候である.

　94年春,砂漠をブルドーザーで均平し,1ha規模の試験ほ場を2ヵ所設けた.さらに日本の岡山県より北海道に至る地域から10の水稲品種を移入し,箱苗,機械移植による日本式の稲作について,現地の適応性を比較した.4月20日ごろ播種し,5月18日に機械移植した.中国の稲作は現在,田植えともみ直播きの両方が行われている.我々はこれら両方の現地における収量差についても調べた.

　肥料は基肥に羊の糞が,追肥には尿素が使われている.昼夜の温度差が大きく,湿度が低いため,イネの病虫被害は少ない.一般に過剰な施肥さえしなければ,自然と無農薬,有機栽培の米が生産される環境にある.

　10月はじめ試験田の稲刈りをした.10品種中,あきたこまち,きらら397,ゆきひかりなど6品種が100ないし70％実り,栽培が可能ないし有望であることが分かった.コシヒカリなどの品種は温度不足から不稔となった.

第V章 沙漠などの緑化と食料生産へ

図5.1 不毛のゴビ砂漠
（筆者撮影：2002年8月）．

早く播種したり，大きな苗を移植するなど今後の検討が必要である．10a当たりの収量は十分実った品種で，約500kgであり，また機械移植法と直播き法の差は前者がやや勝る傾向であった．

ちなみに日本の水稲栽培常識からみて注目されることが観察された．すなわち当該試験地土壌のpHは9.4でアルカリ性を示し，他方黄河から導水された灌漑用水のpHは6.6であった．一般に水稲が生育するのに最適な土壌pHは5.5〜6程度であることから考えると，砂漠の水田に育つイネは化学的に著しいストレスを受けることが分かった．したがって現地で米の収量増加を制限する大きな要素はこのストレスと見られた．

ところで日本からの農業生産技術移転により，発展途上国の米生産量増加が確保されれば，当該国の米主食人口や所得の増大ならびに生活水準の向上が期待される．さらに長い目で見るとその国の米消費量が増加し，日本へ輸出される米の量が減少する．このことは日本における食糧生産，特に米生産環境確保の重要性を示唆する．日本人が米作りを外国で指導することは，日本への安価な米輸入に連動するので反対だとする考えもあるが，短絡的な思考ではなかろうか．

ちなみに先進国において技術を海外へ移転した国々で，その分野の産業が衰退した歴史は一般に少ない．農業が衰退した場合の主な理由は豊かな食料が確保された結果，第二，三次産業の総体的な発展が促され，農業との生産性や労働時間当たりの報酬較差が増大した場合がほとんどである．この点では日本の稲作，農業は今まさにこの事態に直面しているといえる．

【北日本新聞1995年2月12日朝刊に概要掲載】

5.2 ゴビ砂漠にコシヒカリ
―3年目，適期播種で成功―

　中国・内蒙古自治区の砂漠地域において，私が農地造成に伴う緑化，稲作試験の指導に携わり，3年目の暮れを迎えた．この秋には，移植時期が遅かったために，昨年は実らなかったコシヒカリは早期播種，移植により，既に成功しているあきたこまちと同様に稲が実った．作物を育てる際の原点である適期播種の大切さを改めて反省した．

（1）黄河の上流 海抜は1,400m

　試験地は黄河の上流域で海抜1,400mの内陸であるため昼夜の温度差が大きく病虫害の発生は少ない．ここで新規に水田を作るのは比較的容易だが，飛砂や風蝕から用排水路やあぜを守り，管理するには多大な配慮がいる．また漏水を防ぎ，土の保水性を高めるには有機物の施用や緑化による土壌の植生被膜の推進などが必要である．

　中国で主に栽培されるイネは長粒種と，日本と同じ短粒種の2種であるが，試験地では日本でおいしいとされる10の日本種について栽培を試みた．その結果，東北や北海道で作られるものは大丈夫であったが，西日本のものは不適であった．

図5.2　中国から春3,4月日本海側へ飛来する黄砂，NOX，SOXも含まれる．車の屋根に（富山県小矢部市：2006年4月）．

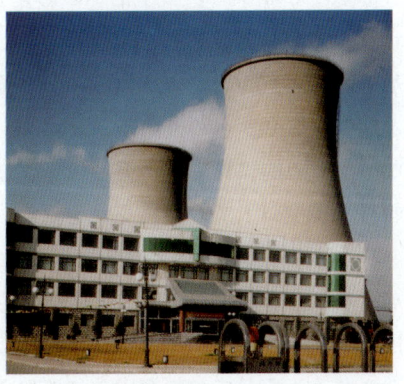

図5.3　中国のエネルギーは石炭火力発電所に大部分依存している．排煙は偏西風に乗り日本海側へ飛来する（内蒙古自治区呼和浩特市豊泰火力発電所：2006年11月）．

栽培方法についてみると，中国に多い畑状態に籾を直播き後，湛水する方法に比べて日本式の箱苗移植の方が相対的に多収であった．日本稲は収量が10a当たり500kg弱と多いものもあり，現地の隣接行政区における中国稲に比べて，勝るものも多かった．品質を考えると，現地でも日本稲へ関心が向くとみられた（口絵.10）．

試験地の水田面積は昨年は2ha，今年が5haで，収穫した種籾が増えたため来年は今年の4倍になり，ようやく収穫された米が現地でも食べられるようになる．

ところで，中国は世界最大の米生産国で，昨年度は1億8,000万t（日本の約15倍）を生産している．しかし人口が1年に1,500万人ずつ増え，産業の発展と共に所得が向上しているため，食生活の変化に伴う食料の需要はさらに増えるとされている．中国農業部では15年後，食料需要の約2割が不足すると予測している．ちなみに米価は日本の約10分の1以下である．

(2) 求められる公害防止策

日本海沿岸の山陰や北陸は中国大陸からの偏西風による酸性雨の被害を直接受けており，住民生活への影響や耕地土壌の酸性化を加速し，生産される作物の品質低下へも響いている．このことはこれらの被害を軽減する基本的な対策の一つに，大陸における酸性雨発生源で，脱硫装置の付設など適切な処置が求められる．しかし，中国の現況では公害対策等が十分でない．歴史的に見て国の発展は一般に食の確保→第二，三次産業の発展→所得と民生向上，の順路をたどる．

日本における4大公害の発生経過を省みても，産業活動がある程度発展しなければ公害防止設備等の投資へ公や企業の配慮が向かない．日本の稲作技術と多様な知見が中国へ移転することにより，砂漠化の防止や緑化が推進される．そして食料が十分に確保されたうえで，日本等先進国の公害発生を鏡にして余裕のある産業発展を推進すれば，結果的に酸性雨の減少や発生源の改善へ確実につながると考えている．

【北國新聞1995年12月18日朝刊に概要掲載】

5.3 能登半島に沙漠がやってきた
－これが沙漠の砂，ここでコメをつくる－

　地球上の陸地は一見多くても，平地は少なく，また植物が健全に育つ健康な土壌のところは，世界的に約1割とされます．多くは雨や水が少なく不足するところ，養分の不足や植生が貧弱なアルカリ性や酸性のところなど改良を要する土壌，また沙漠に代表される陸地の30％以上を占める乾燥地などです．

　もし，この沙漠で現地の人もおいしいと知っている米ができれば緑化と土壌侵食の防止，食料生産，温暖沙漠化防止などの解決に役立ちます．このイネを作りたいという思いに答えるため私達は，中国内モンゴルゴビ沙漠で努力を試みた．イネは弱い酸性の土でよく育つが，沙漠地はアルカリ性．しかし，この沙漠土壌に水を浅く潤し，水田状態にすると空中の二酸化炭素が水に溶け，表面は酸性側へ変化し，イネが生育する．このことを応用し沙漠で水田をつくり，日本のコシヒカリなどを育てた．用水は黄河の中流から等高線沿いに導いた．標高1400mの高地で日照よく昼夜の温度差が大きいため，ほぼ無農薬でもよくイネが実った．現在もイネの作り方，水田の維持の仕方などについて教えている．沙漠でもイネが本当に育つ．

　日本では一般に米が主食なので，イネづくりは場所を問わず米のできる姿をよく見ている．しかし，実際に1粒のモミが芽を出し，早苗となり，20～30本の茎に成長し秋に黄金色の穂を付け，この穂を収穫すると1粒が平均1,000粒以上の米となる．この変化を自ら世話をし体験する人は限られている．ちなみに現在多くの小学校で，5,6年生はバケツの田んぼや学校田などでイネを育てる授業において，土の状態，植物の生長力，水やりなどの維持的な世話と観察，生産作業，農業のこと，食料の大切さなどを体験的に学んでいる．今回大学から能登半島先端の小学校へ不毛の沙漠でも意外とイネが作れることの真実を見てもらいに訪問した．

　バケツでイネを育てる学習を経験した珠洲市上戸小学校5,6年生10数名は草木がほとんどない赤茶色の沙漠やそこに水を引き，田をつくり，イネ

苗を植えることにより，黄金色に稲穂が実るスクリーンの映像を間近に見た．雄大な美しい沙漠，土の大切さ，人間の努力と植物の生長力，小さな日中協力によるコメ，食料の生産，中国の様子など日頃の様子とは大変異なる世界に深い思いをしたようです．また，机上に持参したゴビ沙漠の土（砂）を示し，手で触れたり舌でなめたりしてもらい，沙漠のいくらかを体感してもらった（図5.4）．

　ところで，豊かな日本では分かりにくいが，今地球上には日本人の約50倍，60億人が住んでいます．しかし，その内8.5億人約14％の人々が栄養不足でひもじい思いをしています．たくさん食べたいと思っている人々の大部分はアジア，アフリカ，中南米地区に住んでいます．一方で文明が発達した先進国などでは，食べきれず残されたものや鮮度が落ちたり賞味期限が切れたとして捨てられる食料が多く出ています．たとえば，日本ではコメの生産量約1千万tの約2倍，2千万tが食料廃棄物，生ごみなどとして捨てられています．まだ食べられるものも多いのに，「もったいない」の一言につきます．ちなみに，このうち家畜のエサや堆肥化して肥料に使用されるものはほんの1～2割です．先に述べたひもじい人々や戦争，災害などで十分食べれないところの人々に分けてあげれたらよいなぁと誰もが思います．しかし，集めて運ぶ方法，運ぶ費用，届けた先での配り方，食べ方や利用法を教えることなど，どうするかを考えると簡単に先進国の余ったものをひもじい人々を抱える国々へ届けられないのです．たくさんの余りや残りが出ないような生産，流通，消費などの工夫により，未使用の食材，原料やお金を援助するのが喜ばれ，合理的です．

　いずれにしても世界的に先行き食料が不足しています．現在のように年間9千万人も年々人口が増えると20年後には約80億人にな

図5.4 「砂漠でイネを育てる」話を聞く石川県珠洲市折戸小学校5,6年生．

ります．現状で地球上の耕地が養える人口は，70〜80億人とみられていますから，増える人の食べ物を心配すれば耕地を利用して食料を生産することの重要さは明らかです．

このような大学からの出前理科実験補助授業が今，若い方々の将来，食べ物を大切にし，環境や国際協力，友好を考える多様な感性を持った大きな人材への成長に肥料となれば幸と思っている．

5.4 沙漠緑化の遠山正瑛先生

北陸の田舎で"実践農学は鳥取"の声を聞き，農学部に進み，自分の科とは違うが有名な先生への関心から無届けで授業を受けた．やや小柄ながら独特の威厳を保たれ講義をされる約40年前の姿が今，訃報に接し昨日のようによみがえる．今でこそ赤梨の需要が増えたが，当時みずみずしい鳥取の二十世紀梨全盛の頃で，果樹園芸への関心も高い頃であった．先生はこの分野が御専門で，昼夜の温度差が大きい環境では品質の良い物がとれるとされ，その点で当時不毛，荒廃地とみなされていた海岸内陸砂地は潜在的に優良な耕地環境であると強調された．

百の論より一つの証拠．農学，農業は本来応用科学と実践の関係にある．現場で実際に物が収穫されてはじめて評価される面が大きい．先生は，『砂丘でものができたら太陽が西から昇る』と絶えずやゆされながら実証的にブドウ，長イモ他が節約した水の供与と管理で育ち，良品が多収できることを示された．これを含む実践研究成果は新しい砂丘農業の発展や全国大学共同研究施設鳥取大学乾燥地研究センターの開設に連なった．

周知の通り砂丘や沙漠は一夜にして地形が変化する．作った樹園や畑を長く維持するには防風，砂防柵が必須となり柵や防風林設置，水源

図5.5 中国内蒙古自治区クグチ砂漠恩格貝に建つ遠山正瑛先生の像．見学者が絶えない．

涵養，緑化地拡大など関連作業が必要となる．このことが人生後半に力を入れられた世界的沙漠緑化のお仕事へと発展した．

国内的には海岸砂防や砂丘地の優良農地転換を促した．ちなみに石川県では13,000 haの砂丘地のうち1,500 haの砂防，防風林整備や昭和43年の砂丘地農業試験場設置へつながった．ここには先生の門下生が場長，技師として赴任され，水やり作業のつらさから嫁殺しと言われた砂地の畑づくりを今日の数百haに及ぶブドウ，ダイコン，スイカなどの石川砂丘農業発展の礎づくりに影響した．砂防，緑化は土壌侵食，沙漠化，温暖化などの防止，二酸化炭素吸収，土壌や緑のダムによる保水機能増，ひいては食料生産，人口扶養力増大，平和維持につながる．とりわけ先生が年間の大部分指導滞在された中国北部の沙漠化防止は日本への黄砂や酸性雨飛来の抑制，北東アジア圏の産業文化の発展につながる．

荒涼な沙漠における地道な1粒のクズ種子や1本のポプラ苗の播種，移植作業が大海へ一石を投じて生じた小波から派生する大波のように，地球環境の保全や教育に広く貢献したことは報道や子息柾雄氏著「沙漠を緑に」等で案内されるとおりである．先生の科学に基づいた実証的行動姿勢は我々へ多くの教訓を与える．ちなみに私も沙漠緑化プラス米生産の考えからゴビ沙漠でイネを植える技術協力を10年来続ける励みとなった．

中国包斗南のクグチ沙漠恩格貝発展農場内には人口13億の国で生存者で銅像が立つのは毛沢東氏に次いで2人目とされる立派な顕彰碑があり台座に3ヶ国語で功績が刻まれており，見学者が絶えない．これに象徴される偉業と心は世代を越えて広く後世に継承されよう．99才の天寿をまっとうされた先生の安らかな御冥福を祈りたい．

【概要は2004年4月27日北國新聞文化欄に掲載】

5.5 日中の技術協力，友好に高い柵は不要

(1) 13年前との変容にショック

　かつて北京の日本大使館を訪ねた折，ゲートは低く気安く報告に行けた．だが今は動物園のオリを思わせる前景．筆者らは1993年からゴビ沙漠（中国内モンゴル自治区）においてイネ栽培による沙漠緑化の試験協力をしてきた．はじめ3年間のイネ栽培試験が成功したことを1995年に人民大会堂で報告し，この事が中国全土に広報された．その後，自治区内各地におけるイネ栽培の検討に協力し，加えて，日本でイナ作技術を学んだ中国の若い人材を養成することの大切さを悟った．それで内モンゴルから石川県農業短期大学に随時研修学生を受け入れ，数名に達した．ちなみに草地，沙漠から来た彼らは環境の差を越えて勉学に努力している．

(2) イネによる沙漠緑化試験を支える人々

　内モンゴル自治区は北側をソ連，外モンゴルに接し，東西に長く広い．中国面積の約8分の1を占めているが人口は約2,400万人と少ない．大方モンゴル人で彼らは日本人の祖先とされるため我々の試験活動には協力的である．イネによる緑化試験の協力と通訳等を務めるF氏はジンギスハーンの36代目，氏の母は故周恩来首相の義妹王素琴女史と親友で，我々も縁あって3回北京の女史宅（アパート）を訪問した．しかし，国から派遣された看護婦と2人で質素に暮らしておられ，笑顔で我々の技術協力のことを理解された．人間的に偉い方々の生活仕様をみて，日本における見掛けの贅沢な状況と自己主張の多さを謙虚に反省した（口絵.11）．

(3) 新しい技術の現地応用へ

　筆者は寒い11月の訪中は初めてで，内陸の朝方は，マイナス10℃近くになる．今回は石川県立大学において我々の試験により，アルカリ性の土壌では通常植物が鉄分を吸収できないため葉は黄化し，生育できないが，A社

が新しく開発した鉄入り肥料や一部の火力発電所から出る石炭灰が，沙漠のように土がアルカリ性でもその鉄成分が植物によく吸収されることがわかった．この成果をゴビ沙漠においてイネ，野菜などの緑化作物栽培に応用するため，中国政府と内蒙古農業大学への試験協力依頼に行った．関係者の快諾を得，この報告と今後の助言指導を受けるため挨拶を兼ね頭

図5.6 日中の交流拡大に伴って多忙きわまる在北京日本大使館にて．右：筆者，左：永畠秀樹氏（2007年12月7日）．

記の大使館を訪問した．しかし，3m余の高い先端が槍状になった鋼鉄製柵が正面前面を囲み，かつ大使館の各窓，枠などは足場を掛け修理中であった．過日の日中友好を遮る日本国内の行動に対する抗議行動の被害修復だと書記官氏は話された．松村謙三氏，古井喜美氏や民間の方々の露払い，田中角栄氏による全面日中国交回復など交流迄の長い道，歴史を思うと現在の大使館の状況は何か友好になじまない．

(4) 技術交流のために真の境解消へ

　日中やアジア各国間との友好，発展を技術協力の点から願う立場からは他の穏やかなあり方の選択が望まれる．かつて東京大学でイネに対するケイ酸肥料の勉学をし，今や中国における米増収の偉大な貢献家とされるS博士によれば，日本の中国における食料生産面等での技術貢献の余地はまだまだあると言われる．また，内モンゴル自治区に眠る莫大な埋蔵資源の開発と産業利用にも日本の技術協力が期待されている．ちなみに中国の新幹線建設技術はドイツが協力することになった．

　今後70〜80億人となる世界村の字日本の人と隣字の方々とが全領域で柵，境を低くしバリアーフリー化がなされるよう我々日本人は思いを新たにする必要があると考える（口絵.12）．　　【北日本新聞2005年12月14日】

5.6 沙漠でイネを育てる砂漠緑化に新施肥法開発
－鉄分補給に樹脂利用，酸化を遅らせ吸収促す－

　東大大学院農学生命科学研究科の森敏教授と県農業短大の長谷川和久教授らの研究チームは，砂漠の緑化に不可欠とされる鉄分の新しい施肥方法を開発した．鉄分を樹脂で覆うことで酸化を遅らせて効率よく根に絡ませる方法で，不毛地帯に多いアルカリ性の土壌に植物を根付かせる効果が期待されている．

　研究にはチッソ（東京）も協力し，文部科学省の補助金を得て進められた．県農業短大の圃場での3年がかりの実験が実を結び，食糧増産や二酸化炭素の固定化，植物燃料（バイオマス）の生産などに期待が集まる．

　森教授によると，中近東や米国中西部，中国北部の砂漠など世界の不毛地帯の約2割は石灰質アルカリ性土壌．植物の生育には鉄分が不可欠だが，こうしたアルカリ性土壌の土地では，鉄分は与えてもすぐ酸化し，植物に吸収されにくい．

　このため，教授は樹脂で鉄分をコーティングし，時間を掛けて少しずつ地中にしみ出すように調整した．さらに，土壌に鉄分があっても，根が肥料のない場所に伸びると吸収できないため，泥炭で作

図5.7　砂漠地では土壌pHが高く鉄が溶けないため植物は黄化し育たない．新しい鉄肥料は砂漠地類似アルカリ性土壌条件でm^2当たり2.5gの鉄成分施用で陸稲が育つ．ハウス，点滴かん水（石川県立大農場：2005年）．

図5.8　砂漠地類似アルカリ性土壌における各種含鉄肥料施用による緑化試験（富山県高岡市五十辺，日本海鉱山（貝化石））．

った小型のポットの中に肥料を敷いて真上に種を入れ，根の伸びる時，必ず鉄分を吸収できるようにした．

今年4月から県農業短大の実験圃場で陸稲を育てたところ，新しい施肥方法で鉄分を与えた土壌では順調な生育が確認された．

森教授は，「今後は植物の種類にあわせて，鉄分のにじみ出すスピードをコントロールしたり，鉄化合物を有機鉄剤に変換するなどの工夫が必要となる」と話している．

【2001年6月26日北國新聞に掲載】

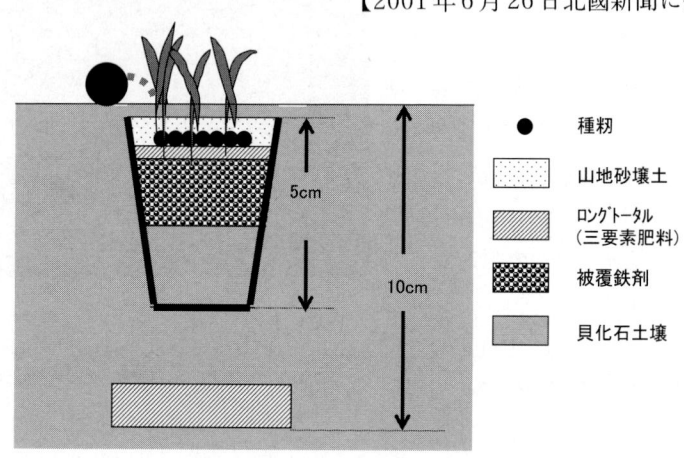

図5.9 アルカリ土壌における新しい鉄肥料などの施肥位置．断面図．

参考5.1 鉄欠乏耐性イネの誕生

高橋美智子,西澤直子,森 敏

(1) 要 旨

　イネ科植物は鉄欠乏ストレス条件下におかれると,ムギネ酸を合成し根から分泌する.これはイネ科植物における鉄獲得戦略であり,鉄の多くが不溶性となって植物に鉄欠乏を引き起こすアルカリ土壌では,このムギネ酸が不溶性の鉄を可溶化し植物の鉄の吸収を可能にする.このためムギネ酸分泌量の多いイネ科植物ほど鉄欠乏に強い.今回われわれはムギネ酸

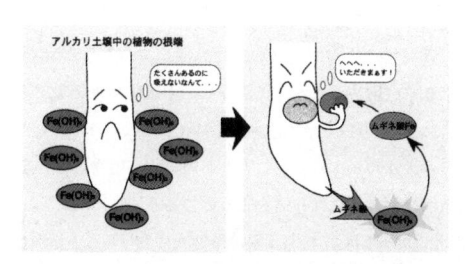

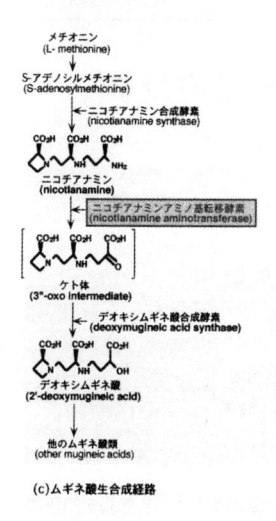

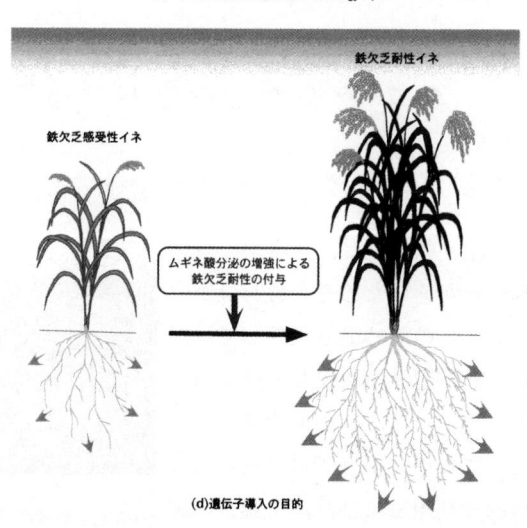

図5.10 ムギネ酸と鉄欠乏の関係.

第Ⅴ章 沙漠などの緑化と食料生産へ

生合成経路上のキー酵素であるニコチアナミンアミノ基転移酵素のオオムギのゲノム遺伝子を鉄欠乏感受性であるイネに導入することで，ムギネ酸分泌量を増大させ，鉄欠乏耐性を付与できることを明らかにした．

(2) 植物も鉄欠乏になる!?

　まったく分野の異なる方々の多くは「鉄欠乏耐性」と聞いてまず植物も鉄欠乏になるのかと思われたのではなかろうか．確かに人間の鉄欠乏による貧血等は世間で良く聞く話だが，植物の鉄欠乏など日本ではとんと聞かない．しかしながら実際，栄養としての鉄が足りなければ植物も鉄欠乏になる．鉄欠乏の典型的症状は植物の新葉が黄色になるものでクロロシスと呼ばれ（図5.10 (a)），鉄欠乏がひどくなると植物は枯死する．

　日本では酸性土壌が多く占めるため鉄欠乏による作物への害は（一部地域を除いて）あまり聞かれない．しかし，世界の土壌の約3割は土壌のpHが高いアルカリ土壌のために，植物が鉄欠乏になり生育できない．ではなぜアルカリ土壌では植物が鉄欠乏になってしまうのか．図5.10 (b, 左) に示したように，土壌中にはそもそもたくさんの鉄が存在しているが，pHが高いとその多くは不溶性の水酸化鉄 $(Fe(OH)_3)$ となってしまう．そのため，根の周りにはたくさん鉄が存在するにもかかわらず，植物はそれを吸って使うことができない．このため植物は鉄欠乏になってしまうのである．

【出所 2003年1月27日石川県農業短大における「土壌環境科学」の特別講義で，東大　高橋美智子先生の講義資料より】

5.7 乾燥地土壌における有機物の分解

(1) 沙漠の有機物分解

　沙漠や乾燥地は，土壌中の有機物分解が速いためその含有量が少ない．このため植栽に際しては保水性と保肥性を改良し維持することが望まれる．この解決法の一つとして各種有機性素材，肥料の合理的な利用および沙漠土壌への施用が考えられる．このような観点

図5.11　乾燥地，砂漠地条件での自然科学的研究が進められるアリッドドーム（鳥取大学乾燥地研究センター）．

5.7 乾燥地土壌における有機物の分解

から当研究ではこの領域において有機物の分解，窒素の消長について基礎的な比較研究をした．

ちなみに，著者らは中国内蒙古自治区ゴビ砂漠での水稲栽培による緑化試験に協力している．2000年からは包斗の南，達拉特旗より，同地域黄河沿岸でアルカリ土壌化した砂漠地（畑）約14,000haにおけるイネ作りの協力

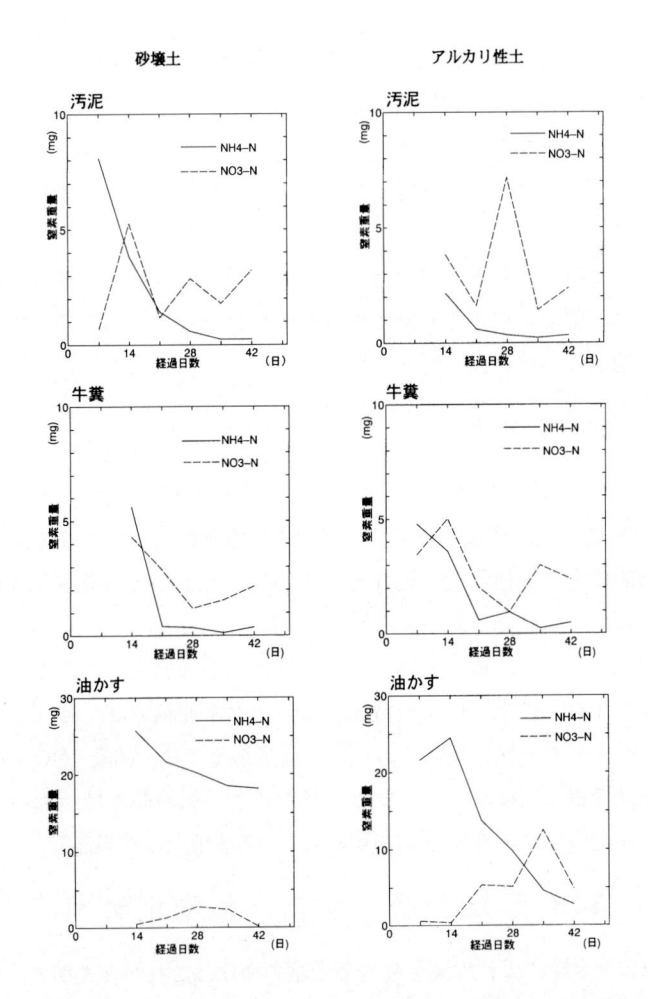

図5.12 砂丘畑，アルカリ性土における有機質肥料の分解，無機化例．経時窒素発生量．

依頼を受けている．ここでは，当該地域における廃棄物の沙漠利用という観点から，代表的な有機質肥料を対照に家畜糞および汚泥がアルカリ土壌などでどのように分解，無機化するかについて比較検討した．

(2) 実験方法

3種類の土壌：

石川砂丘畑土（砂壌土）pH4.2，T-N（全窒素）含有率0.180％
アルカリ性土（貝化石）pH8.6，T-N　　　　　　　　0.012％
能登半島柳田村洪積畑土pH5.9，T-N　　　　　　　　0.045％

を使用し，好気性の高温菌を利用した牛糞堆肥T-N1.65％，染色汚泥堆肥T-N1.57％，ナタネ油粕（対照）T-N5.59％をそれぞれ50gの土壌に窒素成分で50mg加え，25℃，畑水分条件，バッチ法で経時的に分解無機化状況を分析し，肥効が想定されるかを調査した．また，これらの土壌，肥料を供試し幼植物栽培試験も行った．

(3) 結果および考察

1週間ごとに生成する硝酸態とアンモニア態の窒素量変化の一部は，図5.12の結果であった．供試した牛糞，汚泥の両堆肥は対照のナタネ油粕に比べて相対的に遅く無機化し，肥効を示す部分のあることが推察された．栽培試験においても肥効が確認された．

土壌間では，汚泥肥料においてアルカリ性土が砂壌土より遅く，牛糞では，若干アルカリ性土が速く無機化する．ナタネ油粕では，砂壌土で速くアルカリ性土でやや遅い傾向であった．後者の土では，硝酸（NO_3）の総生成量を肥効発現と間接的にみなすと，見かけ上，肥料間では，汚泥・牛糞＜ナタネ油粕の順に大きく肥効が現れる．（洪積畑土の結果略）．

5.8 汚染土壌の浄化，鉱物化事例

耕緑地の重金属による汚染を被った土壌の浄化はこれから大切で，今のところ対策には生物的手法（例，植物による吸収除去），化学的手法（洗浄，反

応固定),物理的手法(掘削持出し)がある.一般に行われる掘出し除去では運び先,二次汚染,経費の点で障害も多いとされる.ここでは注目される現位置で無害の物質に変化させ,不溶化する方法(例)について述べる.本法は金沢大学自然計測応用研究センター佐藤助教授(現在北大)と(株)ソフィアの共同研究により確立されたものである.当該不溶化資材は一度吸着した有害物質を溶出することなく長期安定性に優れている.フッ素,ホウ素,鉛等を不溶化する際に使用する「フヨウ−F」「フヨウ−C」は水と反応させて土壌中で鉱物化することを利用し,鉱物の結晶中に有害物質の分子を吸着することにより長期安定性を実現している.この方法は掘削除去工法の1/3～1/2の費用で低コストとされる.応用できる元素は上記元素の他ヒ素,セレン,クロム,アンチモン,カドミウムなど.

【参考文献　池田穂高　土壌と水の重金属汚染浄化にかける　資源環境対策　42巻No.7　84～86】

5.9 ファイトレメディエーション
(phytoremediation)

あまり費用をかけずに植物を用いて環境汚染を低減・除去する.

Cdに代表される重金属汚染土壌において選択的,相対的に対象とする金属を植物体内に根から吸収し,生長した植物体を刈取り除去することにより汚染土壌を浄化する方法は現場技術として注目されている.ちなみに,人間が食べる物のカドミウム含有量の基準値(例)はFAOの食品規格委員会案で精米0.4 ppm,小麦,葉菜0.2 ppm,バレイショ,根菜0.1 ppmとなっている.日本の食品衛生法では玄米中1 ppm未満,0.4 ppm以上のものは糊などの工業用などへの利用が指導されている.選択的に重金属を吸収する植物種の検索は多くなされており,例として

　　　Cdはハクサンハタザオ(アブラナ科の越年草)

　　　Pbはミソソバ

ちなみに,鉱山跡地の重金属汚染地の浄化法を研究している中村・田崎の調査ではヘビノネゴザの根およびバイオマットは鉱山廃水中からAl, Fe,

(154) 第Ⅴ章　沙漠などの緑化と食料生産へ

Cu，Asなどの重金属を取り込み汚染環境の修復に有効なことを確認している．またバイオマットについては重金属以外に植物の生育に悪影響を及ぼすAlの濃集能力も高いことから，Alによる植物の生育阻害が発生している土壌の緑化にも応用できるとしている．

【参考文献　中村紀裕・田崎和江　重金属汚染地に生育するヘビノネゴザとバイオマットによる金属の濃集．永島玲子，久保田洋，北島信行，谷茂　カドミウム高等集積植物ハクサンハタザオによるファイトレメディエーションの開発　資源環境対策 Vol42, P.141（2006）】

参考5.2　九谷焼・陶石とセリサイト（絹雲母）

石川県下には陶器などの原料土となる陶石の鉱床がある．加賀市山中大日鉱山，小松市花坂（花坂鉱山），能美市辰口（服部鉱山），白山市鳥越（河合鉱山）など．このうち花坂鉱山は九谷焼原土として有名．なお服部と河合は同一鉱体．これらはいずれも主に流紋岩が熱水変質作用により変質したものとされ，鉱石は主としてセリサイト＋石英よりなる．服部鉱山のセリサイト（絹雲母）は表5.1の化学組成で，鉄やマンガン，苦土，石灰の含有量が少ないことが分かる．

表5.1　服部鉱山セリサイト化学分析値（精製品）

SiO_2	50.34
TiO_2	0.39
Al_2O_3	37.71
Fe_2O_3	0.06
MnO	0.13
MgO	0.69
CaO	0.06
Na_2O	1.34
K_2O	3.88
H_2O (+)	4.58
H_2O (−)	1.57
Total	100.75

（杉浦精治，石川県鉱物誌1986）

図5.13　陶石（セリサイト）採掘後のあと地の緑化現場（石川県能美郡辰口町鍋谷鉱山）．

参考5.3　イ病と闘い続けた半生 …… 萩野医師

　富山県・神通川流域のイタイイタイ病を発見した萩野昇医師が二十六日早朝逝った．イ病の原因究明に奔走，「田舎医者に何がわかる」などの中傷に耐え，国会では身長180センチ，体重100キロの巨体が男泣きして救済を訴えた．原因究明と治療法確立に心血を注ぎ，がん再発で倒れる直前まで，点滴を打ちながら患者を診療し続けた萩野さん．イ病患者と二人三脚で走り続けた半生だった．（― 中略 ―）

　一方で，悪意の批判，中傷が飛び交った．「売名行為だ」という医学研究者「さらし者にされるのはいや」と病院を去る患者も．妻の死も重なり，精神的にも肉体的にもどん底だったが，土地の言葉で「きかんしょう」というガンバリズムで耐え抜き，ビタミンD，カルシウム，男性ホルモンをイ病患者に投与する治療法を考え出した．

　社会の目がようやく公害に向き始めた42年12月，萩野さんは参議院の産業公害対策特別委員会にイ病問題の参考人として出席．21年間に及ぶ経緯を予定時間の2倍の30分間説明し，「私の研究した原因すら学会が認めてくれないとは…」と言って絶句した．そして「一日も早く公害と認めて手厚い保護を」と涙を流して訴えた．そして翌43年5月，イ病がわが国初の公害病に認定された．

【1990年6月27日　毎日新聞　藤井英一記者より】

コラム5.1　「環境と人間」

　沙漠でも水を引けば CO_2 と H_2O が反応して炭酸ができ，土壌表面が弱酸性になり，沙漠では育ちにくいイネがよく育つようになる．自然界はよくできているなぁと思いました．日本においてイネはあたりまえのようにあって，より良い品質になるよう管理栽培されている．しかし，沙漠で日本のイネが実っていることを考えると，過酷な条件の中でも生育できるのだなぁと，改めてイネや植物のたくましさに感心させられました．

【2002年11月28日，石川県農業短大2年 R.H】

　沙漠に「木を植える」それだけでも困難なことなのに，木を植える際に移動していく沙漠の山までも考慮に入れねばならないとは驚きでした．スライドの中にあった軍用機による播種後，農地にまで回復した土地を見ると広大な沙漠でも緑化の希望が持てますね．過放牧や焼畑などで人間が土地を荒らし，気候をも変えてしまった．今後は人間の力で土地を緑に変え，沙漠気候から十分な降水のある気候へ変えようと沙漠の緑化運動がなされている，壮大なスケールだ．初めは，「沙漠の緑化は不可能，雨も降らない土地なのに．」と考えていましたが，大学での講義やプロジェクトXあるいは「沙漠を緑に」(注.岩波新書)を読み，「き

っと出来るはず．すぐ緑化には結びつかなくても，まずその拡大を食い止める努力を続け，周りから緑化を続け，気候を変えていくことが出来るはず．」と考えるようになりました．今は沙漠に行き，緑化に携わる職業に就きたいとは考えていません．しかし，これから先,「私が研究者になって，その研究成果が沙漠の緑化につながるものになるのかも知れない．」と，「私も長谷川先生のように自分の技術と努力で世界の人々に貢献できるようになりたい．」と強く望んでいます．大学で研究し，学んだ者として「自分の学んだ成果を発信し，それにより社会に貢献するのは義務だ」と考えます．

【2002年11月28日，石川県農業短大2年 E.M】

第Ⅵ章　明るい農業生産環境を
－政策提言－

6.1 農業に未来はある

6.1.1 意識変革の好機

　春が訪れ，稲作の準備に入るころとなった．昨年の北陸地方は梅雨明け無しで立秋を迎えるという例年にない異常気象であった．天候に左右されやすい農業，とりわけ稲作は前年を上回る減収となり，農家の顔色はさえなかった．
　しかし，北陸地方の農家は90％以上が収入を農外に依存する兼業農家である．コメの販売代金だけで生活する農家に比べて，減収による見掛けの「被害感」は少なかった．
（1）減収割合は数％
　耕作面積1～1.5haの水田経営農家が，コメに依存する収入は年間トータルで平均的サラリーマンの1，2ヵ月分である．不順な天候で米収量が昨年のように20～30％平年より低下しても，農家の全収入に占める減少割合は数％以下と少ない．
　全国200万haの水田のうち，北陸は8分の1を占める．この地域の農家を見ると，「稲作だけに頼る経営規模拡大」で収入増を求めることをとっくの昔にあきらめ，稲作以外の兼業収入を安定的に確保する「広義の経営規模拡大」を完了，すっかり生活は安定している．
　昨年の経済企画庁国民生活白書（生活の豊かさ総合指数）では富山，福井県が住み良さで全国上位にランクされた．このことは，稲作農家が北陸地

域の豊かな産業，文化圏を形成し，支える重要な因子になっていることを間接的に証明している．

雨戸を閉じたままでは朝日は分からない．現在農業を営む若者や後継者が少なく，農家のお嫁さん不足，あるいは新規学卒就農者がきわめて少ないことなどが話題とされ，農業と農村社会の持続が不安視されている．

このような状態になることは20年近く前から予想され，分かっていた．例えば，農業高校の縮小，廃止，あるいは，莫大な残飯と食事材料の浪費に象徴される社会の「農」「土臭いこと」への敬遠気風の醸成などから推察できる．

さらに加えて，稲作の場合，米需要の減退と販売価格がこの20年，ほぼ据え置きないし，実質値下げとなっている．

産業社会において生産物の消費量と価格が低下するような業種は一般に展望の少ないものが多い．かつて「三白」と言われ，戦後の産業復興に貢献した硫安，繊維，精糖の盛衰を例にあげるまでもなく，生産，流通の合理化が，今四つ目の「白」に求められていることを暗示している．

「三白」は長い不況を経て，製造，開発に徹底した生産合理化と研究開発が伴う農薬，薬品，合成化学，ファインケミカル，食品などの工業へ転身をはかり，今日の繁栄を維持している．

現在，コメの総需要量は国民1人当たり70kgに減ったとはいえ，おいしい有機質肥料栽培米や省農薬米などの潜在的需要は著しい．農業は生命，健康を支える環境の基盤である．現況の稲作環境は見方によって変革の好機が到来しているといえる．

(2) 営農形態見直しを

農家の意識，やりがいを自覚するには千載一遇の時期であり，関係者の冷静な配慮による農業環境の合理的な反省が期待される．

地域によっては「稲作は儲からず，経費を下げることが第一だ」との主張のもとに農機具保有の仕方など営農形態や作業法式などの転換が促されている．

しかし，現況でも意識の変革により稲作は多くの農家にとって採算の合う

明るい光と展望を十分に持っている．

【北日本新聞 1992年3月11日朝刊に概要掲載】

6.1.2 割に合う稲づくり

　古くからコメは，口に入るまでに字のとおり88回余の手を要するとされてきた．しかし，現在は科学と産業の発展により稲の栽培と収穫調整作業は10回程度で終了，内容も簡単になった．

　耕起，施肥，代かき，育苗，移植，除草，刈り取り，乾燥，モミすり調整（精米）に至る各作業はそれぞれ，合理化，機械化された．

　現場の水田では耕起から収穫まで年間8日くらい作業すればよい状況になっている．

　これらの稲作作業を個々の農家で一貫してこなす場合，施設，農機具など基本的な経費の概算は1～1.5haの規模では総額新品で約1,000万円．

　大事に農機具を使用して年間償却費は55万円（中古品では総額400万円，年間償却費30万円）となる．

　2戸ないし3戸の農家で農機具を共用すれば必要経費は少なくなる．

　現在，水田は水稲を全面積作付けできない．全国平均で約30％の休耕を余儀なくされている．

　これを考慮して残りの水田に60～70％コシヒカリ，30～40％を他の品種（早生，晩生種）をそれぞれ作付け，10a当たり約500kgの収穫で，概算の販売代金収入は1haで20～30万円，1.5haで70～80万円程度残ることになる．

　これは兼業農家にとって，休日あるいは勤務日の朝夕にする作業，さらに在宅の老人，子どもの手伝いなど総合した労働の報酬といえる．

　家で農業を営むことは余暇を使って財産（農地）の維持と主食米の確保，農作業を通じた健康維持，家族まとまって一つの作業を行うという教育的効果など多くのプラス面がある．

　だれが何のために，どんな目的で戸別農業にとって稲作が割に合わないと言っているのであろうか．

土地, 農地の売りやすい状況をつくるため. 農業地帯からさらに農外労働力を絞りだすため. 農家が戸別にやっている仕事をまとめ, 企業的に商品化するため. 生産物, コメを一手に集めようとするため. そのほか色々の要因がある.

農業現場へは, 内外から多種多様の方策が示されている.

しかし, だれが本当に農家, 農業, 耕地の環境維持を考えているのであろうか.

【北日本新聞 1992年3月18日朝刊に概要掲載】

6.1.3 土壌の「骨」やせる

農家にとって基本的な農業の視点をどこに置くべきかが課題である. ずばり, 土である. 健康な土壌の維持が第一である. 健全な母体あってはじめて生命の存在があることは動, 植物の種類を問わない.

稲作は, 昭和30年代終わりごろから40年代前半にかけ, 農家にとっては相対的に米価が高く, 労働が報われていた.

関連の肥料, 資材, 農機具など関係者はもとより, 地域経済も潤った. 生産者にも意欲が見られた.

しかし, 水田休耕の政策実施とともに50年代から現在に至るまで, 農業収入は停滞, 漸減したため, 農業者へのきめ細かな配慮が生産技術や関連の投資に欠けた.

鉄鉱石を精錬し製鉄する際にコークスとともにケイ石, 石灰石を熔融(反応)すると比重差から鉱さいが上部に生ずる. これを徐々に冷やすか, 水と反応させ, 砕かれたものは主成分にケイ酸カルシウムを含むので一部では肥料として利用されている.

ケイ酸は水田で弱い酸に溶解するため, 稲に吸収され, 耐病性機能と肥効性を持つ. コメの増収には必須であり, 普及が図られてきた. しかし, 北陸地方での使用はピーク時に比べ, 数分の一に落ち込んでいる.

県内ではピーク時に年7万tだったが昨年度は約1万tになっている. 水稲の茎葉部にはケイ酸が約10%含まれ, 無機成分中最も多い.

ケイ酸は稲の倒伏やイモチ病などを防ぐ強い組織形成に役立つ生理的働きを持つほか，土壌には骨格をつくるケイ酸成分を補給する．同時に含まれるカルシウムは酸性化が進む土壌の酸度矯正に効果が大きい．

　10a当たりコメの収量が600kgあれば稲の茎葉（ワラ）も等量ある．ケイ酸含有率10％と見れば約60kgの稲に吸収されるケイ酸を土壌へ補給する必要がある．

　ケイ酸施用がここ10年大幅減少している事実は，土壌の骨格を構成する粘土中のケイ酸分が失われていることになり，土壌の「骨」そのものがやせつつあるわけだ．

　土壌は岩石の細かく砕けた砂と，砂が粉末化，風化して再び結晶化してできた粘土（鉱物），双方を結び付ける「肉」の役割をする腐植から主として成る．

　動植物が腐朽して生成する腐植やカルシウム，マグネシウムなどの塩基性成分が土壌粒子間で糊の働きをし，水はけがよく，保水性の高い団粒構造を作り，作物根の伸長に役立つ．

　かつて，レンゲや堆肥などの形で，腐りやすく，稲が養分として吸収しやすい腐植の供給がなされた．窒素，リン酸，カリの三要素以外の施用も適時行われたが，現在はほとんど見られない．

　このことは，これら成分が耕地土壌から失われる一方であることを示している．良食味のコメ，おいしい野菜を望む声は，現実の生産基盤，とりわけ土壌の生産力，実態と懸け離れたものである．

　一人ひとりが土壌にそれぞれの立場で感謝し，恩返しできるとすれば何が可能か配慮と実践が求められる．

【北日本新聞 1992年3月25日朝刊に概要掲載】

6.1.4 化学肥料のみ使用

　昭和30年代の後半から40年代初めにかけては，稲作農家にとってコメの価格が相対的に高く評価され，労働が報われた．農家の購買力は増加，農機具，肥料，農薬資材などの改良，開発を促し，農業技術が発展した．

しかし，現在のように米価が低迷し，農業収入が減少している状況では，農家の関心は農業関連資材から離れがちである．農機具や作業舎など目立ちやすい物への投資は農外収入の補てんによって行われることが多い．

土壌からの一方的な収量確保によって，農家の生活は見掛けの繁栄，便利さを維持してきた．土の持つ力，エネルギーを奪い，金に換えたようなもので「土泥棒」ともいえる．

このように，これまで20年間，土壌への投資がおざなりにされてきた．つまり窒素，リン酸，カリウムの3要素だけを含む化学肥料（化成肥料）のみに頼り稲作を続けてきた．

十分な金をかけずによい品物，儲けはでない．土は正直に投資の減少を収量の停滞，減収の形で現した．水田土壌の崩壊が進み，健全な多収の稲を支えられない状況になりつつある．

物言わぬ耕地土壌にかかるマイナスのストレスは現在以下の7つである．

- **酸性雨**　北陸では1年中降り続いている．ペーハー4以下の強い酸性の雨も時々観測される．酸により土壌中のカルシウムなど塩基性成分の流亡が起こる．
- **物理性の悪化**　大型化する農業機械の機体重量の増加．土壌表面への踏圧が大きくなり，土が締まりつつある．
- **生物性の悪化**　年々，効力の強い除草剤を使う傾向にある．1回で長く効果を維持する薬剤は土壌中の微生物の種類と量を貧弱にし，作物は病気にかかりやすくなる．
- 堆肥などの有機物をほとんど施用しなくなったため，膨軟な土壌が減少，根が伸びにくい透水性不良の締まった土壌が増えた．
- 化学肥料の単用，多施＝増収を主に窒素肥料の多量施用で得ようとするため，窒素，リン酸，カリウムの3要素を同時に含む化成肥料を多用．肥料の中に含まれ，作物根に利用されなかった塩素や硫黄などの成分は土壌に留まり，酸性化を促し，カルシウムなどの流亡を加速する．
- 経費減の考えから，作物にとって微量に必要な成分を肥料として施さなくなった．マグネシウム，鉄，マンガンなどは土壌中に現存するものが

稲に吸収されるばかりで，補給が無いため，稲の秋落ち症状とコメの品質低下をもたらした．
●耕地土壌は金をあまり使わず安く，かつ多収を求めるため，土壌へ儲けを還元，投資を図り，拡大再生産を展望する考えが欠けつつある．

このような土壌に対するストレスの積み重ねの行き着く先は，植林を伴わない森林の伐採や再生能力を無視した多頭数の放牧による草地の裸地化，荒廃，土壌浸食の例をあげるまでもない．

人間の生存が確保できない環境の招来につながっている．先祖代々から預かっている食糧生産のための耕地．土壌は次の世代へ確実に保守，維持し渡さなければならない．

【北日本新聞 1992年3月27日朝刊に概要掲載】

6.1.5 安易な輸入は禁物

土木工事現場の工事用型枠として使われている木製パネルは平均2回使われたあと，処分されているという．

東南アジアの森林を伐採し，輸入製材，厚さ10〜20mmのパネル用合板になる．汚れた板についたセメント片などをきれいに外し，再び使えるようにするための人件費より，新しく買う方が安くつくという．

手ぬぐいやぞうきんを使うより，ティッシュペーパーなどを使う方が便利というのと同じことである．

時間と代替品の費用に比べ安ければ，まだ使えるもったいない「ごみ」を出しても，次々使い捨て感覚で新しい消耗品を使えばいいということである．

国や企業が財力に任せてこのような行為を繰り返したら，見掛けの経済活動の盛況はあるにしても，身の回りの環境は固形物やごみであふれる．

木材を始め生物資源は不経済に使われ，消費量より過剰な伐採，採取，生産が要求される．

過ぎた森林破壊，耕地開墾，食糧生産のためと土壌の生産力を上回る過剰栽培などが，肥料の多量施用，農薬の散布によって求められる．

森林は地球温暖化に影響する炭酸ガスを吸収，減少させるばかりでなく，涼しさと雨をもたらしてくれる．人類にとって大切なバイオテクノロジー（生命工学）機能を有している．

　人間の身勝手な行為で森林，耕地，土壌の「体力」に配慮を欠けば，自然環境を修復し，生物資源の再生産を危うくする．工事用型枠と違い，土壌には代わりがない．コメの輸入自由化が問題になっているが，仮に30万tのコメが輸入されると，3,000tの窒素が入ることになる（コメの窒素含有率は約1％）．逆に輸出国はその国の土壌から主要養分の窒素が持ち出される．

　化学肥料が買えない貧しい東南アジアなどのコメ輸出国では，失われた土壌の窒素分を補充しきれない．

　コメを繰り返し作り（連作）輸出し続ければ，収量の低下とともに，土壌の窒素分が減少する．土は著しくやせ，結果的には食糧不足が起きる．日本に輸入される食糧は多い．トウモロコシを中心とする飼料穀物だけをみても年間1,800万tに達している．穀物中の窒素含有率を約2％とみると，30万tの窒素が入っている．

　これが肉やし尿に変わる．現在化学肥料を中心に肥料の形で農耕地へ施用される窒素が約数十万t．輸入穀物資料に含まれる窒素分に匹敵する．

　ほかに豆類（窒素含有率6％），肉類，魚類（いずれも2〜3％）の形で輸入される窒素分も算入すれば，農業に使われる窒素肥料は，輸入食糧資材で十分に賄える．

　このような贅沢な輸入消費が続けば生活環境は生物系廃棄物であふれてしまう．木下順二の「夕鶴」では誠実に働いてきた主人公の与ひょうがひょんなことから苦労無しに金を得る楽なことを覚えた結果の哀れさが人々に感銘と教訓を与える．

　金で済めば楽―の考え優先は代替品のない土壌の生産力に配慮を欠き，土を酷使した結果，農業を衰退させた国々の歴史を見てほしい．

　地球最大の資源である土を大事にした農業には明るい展望がある．

【北日本新聞　1992年3月31日朝刊に概要掲載】

6.2 豊かな土と心をつくるアグリ・環境博の開催を

　石川の地域農業，林業，中山間および関連産業を元気づけ，展望を拡大するには，土，緑（食・健康），リサイクル，防災安全をキーワードとした提案型官民一体アグリ・環境博の早期企画開催が最も効果的．

6.2.1 元気のなさ

　北陸をはじめ米どころは，どこも有機栽培のコシヒカリ60kg1.8～2.0万円にも代表される米価の低迷と，30～50％に及ぶ水田減反の長引く国策により，相対的な収入減および景気停滞の影響を受け，地域経済等の活気が少ない．林業もまた，30～40年生育して製材された4寸角，10尺の杉柱材が1本1,000円余（能登地域1999年）に象徴されるように著しく弱っている．ちなみに，沿岸水産業も周知のとおり「成田漁港」物に代表とされる輸入物の影響をもろに受けている．

6.2.2 自助努力の限界

　戦後，食料増産第一の目標から，地域においてもその実績が一貫して行われてきた．その典型は耕地拡大の大規模プロジェクト，石川では国営農地開発事業（能登半島，河北潟）であった．能登半島の林地を開き，畑地を造成する事業は昭和40年頃から，珠洲（第1，第2），柳田，神野，能登中央，二子山，外浦北部の7地域で487億円の投資により，約3,334haの耕地が造成された．10a当たり約150万円の造成費用である．野菜，果樹，牧草，タバコなどの作付け営農展開が期待された．しかし，約20～30年経過した今日，畑として利用されているところは，1,000ha以下とされている．他は耕作放棄や雑草等が茂り，林へと自然回帰しつつある．他方，河北潟は2,248haの水域を持ち，海水の恵みを受け魚介類豊富な汽水湖を昭和38年（当初予算62億円）から，総額283億円の投資により，水面の60％を干拓堤防で仕切り内部の水をポンプで出し干陸するもので，海抜ゼロメートル～以下の畑地が同60年に現れた．10a当たり約210万円の造成費用である．892ha

の残存水面があり，今汚濁が問題とされている．従来潟の沿岸河川から流入する物資を受けていた湖面を半分以下に狭くしたために，流入物質の濃度は単純に考えても倍以上に濃縮される結果となった．かつては，河川から潟に入った有機物質は希釈され，広い水域で波と共に空気に触れ好気性細菌により分解が促された．また，潟の底では，住む生物によって有機物の摂食，窒素化合物の無機化と脱窒が行われ，ゴカイ等の小さな生物をさらに大きな生物，魚介類が摂取し，大きく成長したものを鳥や内水面漁業獲物として外に持ち出された．物理，化学，生物的汚濁除去が自然に形成され，オートの浄化システムが地域環境と調和して機能していた．ちなみに，水生生物による除去浄化能（例）として，島根県の宍道湖におけるシジミ漁が持ち出す窒素とリン酸の系外排出は同湖への流入負荷量の数%に相当し，この能力は下水処理場で高度処理をするのに匹敵する（森忠洋1996）とされる．1,356 ha もの水域を干拓する場合，昭和30年代後半の科学水準では，客観的に今日の汚濁状況は推察できたであろうが，自然科学の学術的成果知見への配慮よりも政治等の力が時代背景から優先される結果となったのであろうか．今まで，幸いにも大地震による干拓堤防の決壊など大規模災害発生のなかったことは何よりである．なお，現在約15%，200 ha余の未利用および類遊休地があるとされる．

6.2.3 事業完遂に至らなかった背景・原因と土作り軽視の反省

このように巨額の税金が投入されたにも拘わらず，約20年で当初の利用目標のようにはうまく造成耕地が利用されず，かつ今日的各種の派生的な問題を起こした原因は多くあげられる．過疎化による在住者の老齢化，労力の不足，輸入農産物の圧力（内外価格差），国内の消費者需要が量から質へ変化，技術の普及や継続性が維持できなかった，奥能登へ続く海浜道路，珠洲道路整備等によるストロー化（金沢への物，人の吸い上げ），投資効率，費用対効果の反省等．しかし，筆者はこれらの事業発展に障害となった最大の原因は農作物の栽培に最も望ましい基礎，団粒構造の土づくりが十分

出来なかったことが，かんがい水の不足と共にあったと見る．農地としての土壌は物理性，化学性，および生物性の3つが良好であることが望ましく，特に通気透水性の良い壌土〜埴壌土でpH6〜6.5，腐植含有率3％以上，かつ生物種の多いことなど分かりやすい指標が多い．しかし，表土扱い無視や化学肥料依存などのように，これらの基本が造成工事やその後の管理において必ずしも十分配慮されなかった．ちなみに，石川農試においては，柳田村十郎原や能都町瑞穂他の現地試験により，熟畑化には有機物の継続施用が必須で，その効果の重要性を指摘する試験成果が公表されていた．受け手に聞く余裕がなかったのか．

6.2.4 地域未利用生物性廃棄物の有機質肥料化

ところで，周知のように北陸地方は，大陸からのもらい公害，酸性雨の銀座である．農耕，林，緑地を問わず年間を通じてpH5.6以下の雨を被り，特に耕地土壌からは塩基性成分の表面流失，下層への溶脱，付随する有機物の減少，それに伴う土壌構造の不良化が広く進行している．これらの影響は地域産農業，関連産品，加工品の品質に影響し，市場における競争力，需要展望に関与している．さらに重要なことは，これらの土壌体力が相対的に少ない耕地で生産されたものを食べる地域住民の将来的健康への危惧である．ちなみに，土壌が酸性化すると，アルミニウムが動きやすくなる．土壌や飲料水中に可溶性のアルミニウムが多く溶存しているところで生活し，口径的に摂取されたアルミニウムの脳蓄積によるアルツハイマー型痴呆症の相対的多数発生の事実（湯本晶1995）などは，土壌を酸性化させず，健全に維持することがいかに重要であるかを暗示する．豊かな粟おこし状で団粒構造の土づくりには，糊と養分のタンク，さらに微生物にとって家の働きをする腐植，堆肥成分が必須である．既述のように耕地土壌の腐植含有率は3〜5％以上が望ましいとされている．しかし，水田では加賀平野をはじめ全県的に，表土でさえ3％以下のところが生産意欲の減退から増えてきている．畑地，特に沖積や洪積の酸性土壌では腐植の増強，堆肥の施用は必須で，このため，これらが確保できるか否かが営農を良く維持できるか

どうかにかかっている．ところが，良質な堆肥の生産は現在，県内で十分なされておらず，県外から移入されているのが現実である．地域に広く散在する生物性の未利用物や排出される廃棄物を堆肥化し，耕緑地へ還元する必要性がここにある．このような視点等から，土壌，肥料，林業，機械，緑化工，造園，土木，地盤改良，流通，食品工業，有機農業，安全，廃棄物処理，他の分野における堆肥化に関心を寄せる方の協力により，石川県堆肥化リサイクル研究協議会が設立された（1999）．土壌，肥料の基礎的知見の応用から，緊急性を要する関連技術の普及まで広域な発展を期待している．

ちなみに，歴史的に見ると地域における産業技術の発展，雇用創出などは，世代や立場を超え，各種の博覧会開催によって刺激され，新芽を吹いたり加速あるいは大きく展開した例が多い．書物やメディアによる認識とまた違って，身近に現物で未来・夢へつながる思考を刺激するイベント開催の迫力は，農林，環境および関連の広い分野に対して創造への強力なインパクトとなりうる．

以上のような見地から，能登空港開港，新しい石川県庁舎完成，農業系県立大学の開校などが相前後して整う5〜6年後を目標に，上記の荒廃した国営農地開発事業造成農地等の建設的利用を配慮したアグリ・環境博の開催を提案したい．

【石川県土壌肥料懇話会誌　第19号　巻頭言（2000）】

6.3 地域産業の後継者をどう育てる
－農林業の生産環境を反面教師とする－

6.3.1 結 論

農業，食料生産，地域の現況を客観的に直視することにより，どうあるべきか，当面何をするべきか等の指針が見えてくる．謙虚な反省，身の丈にあった目標と実践・努力．理屈はあとからついてくる．ちなみに，後継者がいるということはその分野，業に魅力があり，将来性があるということ．

6.3.2 農業,農村地域の現況

承知のように現在,地球上耕地の人口扶養力は現状の食料生産能力では,75〜80億人とみられており,年間1億人弱の人口増が続くと,2025〜2030年頃には需給のバランスが微妙になるのではないかと危惧されている.もし,大きな戦争等が起こるとこの時期が早まる.国内においては周知の通り農村の過疎化,労働力の減少(老齢化),農産物の輸入,生産環境劣化(地力低下,水の汚濁他),農耕地の減少などにより食料生産量の増加展望は少なく,また質的向上,維持にも課題が多い.今後10年すると農村人口の3分の1は65歳以上とも言われ福祉,年金等の支えが重要となってくる.

図6.1 江戸城へも送られた伝統ある沢野ごぼうの収穫体験援農.石川県立大学生ら(石川県七尾市沢野:2006年9月).

図6.2 小学校5年生のイネ刈り体験,農業,コメを作ることの実際を学び,田んぼ維持の大切さを継承する(石川県美川町にて,写真:山本保彦氏提供).

特に能登半島に象徴される県土の7割を占める棚田,里山,中山間地域等地理的,経済的不利地域の農業,農村をどう維持,支援するかが課題とされている.安全,安心を第1に掲げた営農を目指す静岡県大仁自然農法農場他に代表される有機農業の営農形態は確実な選択肢のひとつである.

地域の林業も農業以上に厳しい.輪島地区において樹齢約100年の杉を売っても,持主の手取りが1万円とされ,50〜60年以下のものは金にならないとされる.ちなみに,このため木を売る人が少ないので木材市場が開

けないところも出現しているという．七尾港には北欧から20mものの長い材木が次々陸揚げされている．畜産も周知の通り輸入品の影響を受け，県内では良質品生産への展開が課題となっている．

このような状況に至ったのは，農林政策の長期展望が描ききれなかったことが原因．関係者の手におえない時代になったのか，真剣さが不足したのか．「金さえ出せば輸入依存ですむ．」という流れになびいたのか．

国民の食料をできるものは極力自給する，都市や2，3次産業を間接的に支える農業を維持しようとする思いが薄くなったのか．

これらの影響は結果として地域における農業高校や農学部の消滅，縮小，変換に及んだ．この状況は率直に，地域農林業の将来展望に何がしかの危惧を与えている．

商売と違い教育，とりわけ食育を支える農業教育は公が責任をもってしないと誰がするのか．「今，農高へ進学希望する者がいないから農業教育を廃止，縮小する」では，地域振興の将来展望が軽視されているとも見られる．ちなみに，能登鉄道路廃線も同じ類．政策調整と県民への理解要請努力で，維持できなかったのか．

以上の様子は，「親に見放された乳飲み子」のような農業，農村状況の面もある．

6.3.3 今後の課題解決への努力

1）偽りはしない．JA秋田の米，讃岐うどん小麦原料，仙台の牛タン，大阪における中国産玉ねぎの混入，九州における黒豚，海苔などの産地，品物入替えなど商業上のルールを偽る行為は，農業生産関係者としてやってはならないこと．自らの首を絞めることになる．

2）地域で健康な土をつくる．体が健康であれば労働，勉学，遊びができ，医療経費がかからない．同様に農林では健康な土をつくることが地域的重要な課題である．土は骨と肉からでき，空気と水と固体の部分で構成されている．

骨は砂などのケイ酸やアルミニウム，カルシウム，鉄などの占める部分．

肉は黒褐色の堆肥，落葉に代表される腐植の部分．タンパク質，脂肪，炭水化物（繊維）など．これらが粟おこし状の隙間のある団粒構造をつくり，黒褐色の肥沃で健康な土をつくる．会社の各部門，コアごとにきちんとまとまり，全体として風通しよく団結しているところがクッション良く，組織の展望が高いのとよく似ている．

地域的には健全な土をつくるために七尾湾のカキ殻，フライアッシュ，木材皮，汚泥他地域の未利用資源利用が求められている．関係企業，団体，行政の協力を期待したい．

6.3.4 むすび

いずれにしても今日の日本農業は長年にわたる化学肥料，農薬依存で土壌より収奪の行為を続け，これが日本発展の支えになってきた．自然の収奪により我々があるという謙虚な反省が必要で，今こそ大地に「肉や骨」を還元する必要がある．ちなみに，今日の繁栄状況は沖縄県約12万人にのぼる犠牲に代表される先輩の命の上にあることにも配慮し，地域の風土に感謝する必要がある．

【2005年10月25日　七尾市みなとロータリークラブにて話す】

6.4 需要多き安全な食料生産
－中国蘇州市における循環型モデル農場の創設－

今中国の大都市近郊では，作れば売れる農作物の需給状況にある．筆者は，金沢で経済学を学んだO博士が関与する蘇州市大平鎮（村）の農場を訪ねた．氏は，これからの安全を求める消費者動向を読んだ安心な食材づくりを目標とする循環型のモデル農場づくりの思いから，技術協力を求めた．ちなみに，同市は上海市近くで，ここ10年間に人口が倍となり約200万人，行政区全体では590万人．

農場は，市の中心部から車で約30分，湖岸にあるが，近くまで都市化の影響がみられる．

農場の面積は，約4haで有畜農業．作っているものは各種野菜，ハウスに

よるキノコ（シイタケ，ヒラタケ他），養鶏，養豚などで，他に300km離れたところで魚などの飼料も作っている．特にハエのうじ，サナギを養殖し，動物性飼料の一部に使っている．ニワトリは卵中の鉄分や亜鉛の含有量富化を配慮したエサに工夫を加えて平飼い．また，生産物の大腸菌検査も自主的に行っている．

基本的な考え

①地場の環境，太陽光，用水，地下水，現地の人，道具，習慣等を使った生態利用型有機農業をめざす．土と水を汚染させず長く維持．
②農場で生産され，出荷されない物は自家用以外，余りを堆肥化などして次の栽培等にまわし循環利用する．
③できるだけ化学農薬は使わず，消費者が農場，畑へ来て安全を確認できる農業生産．
　ちなみに，これらを円滑にすすめるため筆者に助言を求められた．

農場の特徴

1) もうかるからと言って単一種のものだけを集中的にたくさん栽培，飼育しない．
2) 豚の糞は固液分離で，液体部分は畑へ散布，固形部分は堆肥化し，農地へ還元する．
3) 野菜くずはできるだけ新鮮なうちに鶏，豚のエサへ利用．
4) 豚や鶏の糞は一部を淡水微生物スピルリナ（機能性成分多い）養殖に使い，これを飼料等に添加．前述のハエのサナギに加え，自給の良質飼料を確保．

　まさに土に育まれた光合成産物，利用残渣の土壌還元，合理的なリサイクル利用，望ましい環境保全型農業のモデルである．加えて土地利用，材料の多面的利用などおだやかな企業的農業経営の魅力を与える．なお，今日までスムースに来たわけではない．氏は初期，上海や東京の人々に「○○を作ればもうかる」と言われて，だまされたと反省される．経営，販売における留意事項．

　日本における有畜農業や畜産は，公害や拘束労働多く，また儲からないな

どの理由で地域的に一部で「切られる」現況．しかし，農業の基本，糞尿や堆肥など有機物の還元による土づくりを大切にするこの農場は，技術的に省略，省力農業に走る日本農業の反面教師でもある．ちなみに，中国では安定した食料の生産確保はロケット打上げより大切とされている．中国4,000年の歴史から起業，操業（創業），廃業というセットの言い回しがあるという．初代，2代の苦労，努力，精神が後に，地域農業発展に受け継がれるよう，微力ながら土づくり分野で日中間の地道な技術協力，教育交流などに役立てればありがたいと思っている．

【北國新聞2007年4月5日朝刊文化欄に概要掲載】

6.5 新技術転移で元気な農村を再び

6.5.1 35歳以下の若者村にいない

　産業の発展がつづく中国においては，日本と同様に安全な食料の生産と供給は周知の通り重要なこと．筆者らは蘇州市において資源の循環に配慮した環境保全型の有機栽培農場づくりに目下協力している．ここでは上海近郊のため，あちこちで建設用のクレーンが目立ち，さながら開発ラッシュといった状況にある．他方近隣の農村地帯では35歳以下の青年は村に皆無と村長は言われる．ちなみに，農家が現行の栽培法でイネを栽培すると10a当たり日本円換算約1万円，麦作で1,000円弱の収量（収入）という．これより肥料や農薬，種子代，労賃などの経費を差引くと僅かしか残らない．農業では儲からない状況で望む生活をするには甚だ収入不足のため，いきおい働ける若者は街に出ることになる．事実，市の中心部まで車で20～30分なので，田んぼの目と鼻の先に億ショ

図6.3　中国蘇州市相城区蓮港村におけるケイ酸含有資材施用試験．著者ら実施協力（2007年7月）．

表6.1 蘇州市太平鎮循環型農場の土壌理化学性（例）.

表土, 風乾土

土性	pH		C (%)	N (%)	C/N比	交換性			CEC (meq/100g)
	H_2O	KCL				CaO (mg/100g)	MgO (mg/100g)	K_2O (mg/100g)	
L	7.5	6.9	1.48	0.10	14.80	586	42	50	21.9

ン類似住宅棟が次々増えてゆく状況．なお，日系企業も多く進出している蘇州工業団地内の各所で見られる企業訪問，臨時仕事待ち学生に対する初任月給は大卒で3万円，高卒で1万5,000円程度である．

6.5.2 子や孫が父やじいちゃんの作った米を食べない

自分の家で収穫した米を息子や孫が食べず，おいしい米を江蘇省の北方から求めているという．日本でも米のうまさは子供のおかわり要求でよく分かるとされている．品種，用水の富栄養化・汚濁，土壌の不良化，管理が充分でないなどのことが米のおいしさに影響する．いずれにしても慣行の栽培法では米がおいしくないし，収入もあがらない．もし可能なら新しい改良されたイナ作技術の実践によって①イネ栽培コストの削減，②増収，③おいしさの向上が図られればよいと農民はもとより村，行政区の関係者は地域振興上考えている．ちなみに，用水汚濁や土壌肥沃度状況等についての調査協力も行っている（表6.1）．

6.5.3 日本からおいしい米づくりへ作業・技術の転移

長い間の稲作に対する省力，手抜きから田の土壌肥沃度とりわけイネが吸収できる土の骨：ケイ酸成分とゆっくり栄養分を供給する有機物（土の骨）の補充も減少しているという．日本の稲作地帯と状況はよく似ている．

このような環境を省みて筆者らは，日本の稲作では常識となっている耕起前や出穂40日位前のケイ酸などのミネラル成分施用他によるイモチ病などへの耐病性と倒伏防止および品質向上につながる技術転移を考え，実施した．本年6月に田植えした現地圃場約1haを6区画に分け，石炭灰（FA），ケ

イ砂，日本から持参したものを含めケイ酸質肥料等の種類と量を変え，7月下旬に全面撒布した．その結果2週間後の8月上旬にはイネの葉色，茎の姿が資材施用でプラスの効果がはっきり現れた．試験田の通勤道路沿いにあり，試験内容の掲示板が立てられている(注)．久々の農業生産技術向上に関わる試験に一般の関心も高く，10月下旬の収穫時イネの様子がどうなるかに各方面から期待が寄せられている．ちなみに，効果次第で明年は隣接村20 ha，さらに南京市近くで200 ha技術導入したいという．小さな日中技術交流が元気な農村づくりにつながれば幸である（図6.3）．
(注) 2007年10月末の調査ではケイ酸質肥料の施用区は3〜20％余の増収を示した．

6.6 土の骨と肉の補修
－地域における可溶性ケイ酸と腐植の安定な確保－

岩石と空気，水が接触，風化して土壌圏が形成され，そこに植物や動物が生存している．そして，耕緑地土壌は周知のように骨の部分（ケイ酸他）と肉の部分（腐植）からなっている．しかし，儲かる作物の連作や化学肥料の連用，農機の大型化，大陸からの酸性雨被害などの影響で土壌肥沃度（孔隙率，pH，全窒素，塩基性成分他）が減少，低下しつつあることは，地域的に久しく警告されてきた．ところが，農を取り巻く環境が今ひとつ明るくないため補修がままならない状況にある．ちなみに，地域的にみて骨になるものは山土の客土をはじめ沢山あり，肉となるものも糞，生ゴミなど豊富．だが現場への施用が進まない．善処が求められるのだが．例えば，北陸3県に立地する石炭火力発電所からFA（石炭灰，フライアッシュ，

図6.4 石炭火力発電所から排出される未燃焼灰．（FA，通称石炭灰），年間国内では約1,000万 t出る（沖縄県石川火力発電所）．

SiO$_2$ 50％余含有）は，年間約50万t出る．全国では，1,000万tを超える．すなわち，植物が炭化した輸入石炭は，1,300℃の燃焼でエネルギーを電力として利用され，残った灰分がこれで，8～17％出る．ところで，肥料としてのケイ酸は0.5M塩酸可溶のものを20％以上含むこととなっている．また別に肥料的な保証成分量にこだわらなければ，含ケイ酸，含鉄などの資材，土壌は多い．

図6.5 イネは地力で，麦は肥料でといわれるくらい．水田転換畑で麦を作るにはpHを高め，肥料の吸収効率をよくするため，施肥と排水管理が必須．オオムギ収穫作業（富山県小矢部市平田：2007年6月）．

他方肉は腐植，タンパク質などで窒素を1～6％含む生物性廃棄物で地域的に生ゴミ，畜糞，剪定枝葉，落葉，堤防刈草，魚あら，農集汚泥，下水汚泥他多い．

FA，汚泥の主成分（例）は表6.2のようで，沖積土壌と対比すると，ケイ酸，鉄，アルミが家（土）の柱で，腐植が壁（肉）であることが間接的に分かる．

ケイ酸の場合，弱酸などにより土に溶解して植物に吸収利用可能な環境，条件づくりが大切．これらの骨と肉により究極黒褐色の肥沃な団粒構造の土づくりが目標とされ，その維持が課題となる．ちなみに，都市近郊野菜地帯の開発，市街化にみられるように先人，篤農が肥沃化に努力した耕地

表6.2 FA，農村集落下水汚泥堆肥の主成分（例％）．

FA	SiO$_2$	Al$_2$O$_3$	Fe$_2$O$_3$	MgO	CaO
	44.6～74.0	16.4～38.3	0.6～22.7	0.2～2.8	0.1～14.3
（参考）沖積水田土壌	66.6	11.5	10.2	1.1	1.8
農集汚泥堆肥（眉丈コンポスト）石川県中能登町	水分 15.0	全窒素 6.1	全リン酸 4.4	全カリ 0.8	

が次々農地転用されてゆく現実は，農業と他産業の「格差」だけでは片付けられない問題の所在を暗示している．

　土壌肥沃度の補修維持に努める農業，耕地利用の選択肢としては，複合農業経営が見直される．副産物（品）は農場内で，飼料やキノコ培地，堆肥他の形で利用，消化，分解，究極土壌還元されるのが望ましい．いわば簡易循環型の有機農業，環境保全型農業の実践．

　これらケイ酸と腐植の富化への配慮に加え，不良土壌の改良，土壌浸食防止，用水等への汚濁防止も懸案．ネギ・ニラの間作（抗菌，防虫，耐病），レンゲ・クローバー（抑草，土壌肥沃化），竹繊維（抑草，肥料），石灰窒素，被覆緩効性肥料の選択他，低農薬，重金属含有量の少ない産品の生産など，総合的な視点での古くて新しい土壌，肥料，環境がらみの試験，研究，調査課題は依然多い．若い方々の御活躍を期待したい．

6.7　農業技術転移－2007年から2008年へ－

6.7.1　ゴビ沙漠でトマト

　筆者らは，理屈より実践が農学を発展させるとの思いで，1993年から中国内蒙古自治区のゴビ沙漠，乾燥地土壌において水稲や野菜などの栽培による緑化に関わってきた．経過の一部はすでに［沙漠であきたこまちやコシヒカリができる］として報道された．この度，年のおしつまった12月上旬黄河が凍っており氷点下の同自治区を訪ねた．目的は明年黄河中流の南側オルドス地区でJAS規格に準じた加工用トマトの大規模な栽培をし，日本などへ輸出するケチャップの工場を現地に建設し，農業・農村振興に寄与

図6.6　ゴビ砂漠でJAS規格の加工用トマト畑の造成をする．オルドス地区．かんがいは黄河の伏流水を利用（2007年12月4日）．

したい先方の意向と農場予定地域の土壌診断や施肥等について技術移転を求められた対応である．ちなみに，日本では食の洋風や多様化とともに加工用トマトの需要は伸びている．

対象地域は標高1,000mの半乾燥地だが，地下水のポンプアップによるかん水が可能で，農民が行政区と共に農業へ熱心なこともあり，約2,000haの畑造成が期待されている．なお，本年度はすでに20haで試験栽培され，加工原料として出荷された．明年からは総額日本円で約10億円の予算で，畑の整備，加工場施設，加工機等の設置が計画されている．この事業は包斗市の南，東勝市に本社を置き，約3万人の従業員を使うゼネコンが，今後世界的に発展が期待される生存関連領域の食料生産，農業分野へ自治体と協力して進出するものである．農業に対する国民的敬意が薄れがちの日本における現状に比べて筆者は正直感銘を受けた．ちなみに，この成功へは他方面の協力も必要なので，現地の内蒙古農業大学や筆者の勤める大学等の多様な協力も期待されている．

6.7.2 実践農学と地域共存

研究を基礎とする技術協力の他，実践農学や技術転移に汗を流したい若き学徒の指導的作業支援もまた期待されている．さらに，国外における国際交流を兼ねた農場実習体験としても有益で，実践教育効果は大きい．

帰途在北京の日本大使館に寄り事由の報告と今後の御配慮，指導もお願いした．草の根，民間等で日中の技術協力は多い．ちなみに，日本で植林活動は有名だが，中国沙漠地における現況をみればまさに「太平洋に小水」のような状況で拡大が望まれている．改めて世界人口の約4分の1を占める日本を含めた東北アジア地域で，国土，土壌，水を今後いかに科学的，合理的かつ平和的に利用し，共存のため食料を生産するか．加えて環境をどう永続的に保全維持するかを，政治，民族，宗教を越えて，実践的に解決する行動を急ぐ必要がある．なお，この地域で食料，資源の倉庫的立地の中国で在日本大使館の農業関連担当者が2人とは心細く思った．

資料6.1　バイオマスエネルギー利用

　日本の各地でバイオマスエネルギー利用への関心が高く，諸々の対応がされている．しかし課題，障害等が多くありうまく進んでいる事例は少ないと報告されている．原因，理由は以下の通りである．

1 関係者の理解不足により適切な利用が行われていない．
2 バイオマス利用を目的化してしまうと事業性や社会的に疑問のある事業になりやすい．
3 エネルギー利用はバイオマス利用の中で最も経済的価値が低い利用であるため，条件が合わなければ採算を取るのは難しい．
4 行政，第3セクターが運営する事業では赤字に陥るケースが多い．
5 プラントが大きすぎ，設備に合ったバイオマス資源が集まらない．
6 バイオマス資源の効率的収集，運搬
7 生成物（堆肥，バイオ燃料，電力，熱）の出口，消費先の確保が不十分

　これらの指摘はこの分野に関心を持たれる方々，農林分野で利用を企画，具体化を試みようとする方には大いに参考になるものとみられる．
資料7の表参照．

　文献　泊みゆき　バイオマスエネルギー推進に向けた課題と展望
　資源環境対策 42 No.1 60 – 63（2006）

応用科学としての農学…あとがきに代えて

　今まで肥沃な平野，耕地が工業発展による重金属汚染を受けた現場を身近に黒部市三日市（Cd他）や，今なお汚染土壌の修復が進むイタイイタイ病発生地，神通川沿岸でみてきた．

　依然安易に公共施設の新設や大型民間施設の敷地に農地が転用される現実．転用後は農地へ戻ることの困難さへの無配慮．ちなみに，石川，富山両県では約20年後，2県で人口が今より40万人強減少するとの予測がなされている．農地をつぶす北陸新幹線建設に代表されるものをつくり，それらの維持を危惧する人も多い．

　また，にせものの食品，食材は消費者の他，作る生産者に対する尊敬の念を欠いた犯罪行為．にもかかわらず実際刑が軽いということは，他の業界でも類似のことがまかり通っているのかなとも疑わせる（一般の人には専門知識がないため分からないと思われて？）．これらはいずれも食料生産，農業を大切と考えていない一端である．

　さらに，最近では「穀物バブル」の世相から水田を油田にしたら（米から，イネからエネルギーを）との主張まで現れている．現実の科学技術の進歩状況とコストを無視した暴言である．ちなみに，西村　肇氏は「30年前石油危機の当時，私はトウモロコシからのエタノール生産を軸とした太陽エネルギー変換農場を真剣に検討したことがありますが，結果は肥料生産，農耕機械などに消費される石油総量を上回ってしまい計画を断念した…．」と述べている．食料生産技術の実態が広く知られていないことをこの両者の違いは示している．

　中国江蘇省西山鎮や大平鎮で梅林やビワ，ミカン畑の隙間にチンゲン菜やサツマイモ畑をつくる，イネ刈りを迎える田のあぜにソラ豆の種をまき，用水路の汚泥で覆土する光景などを見た．4,000年の歴史を持つ中国のこの土

地利用の仕方に比べて30％以上の水田利用の休耕（減反），米の収量約1,000万tの2倍にものぼる食品残渣，破棄農産物を出す，日本の現況「おかしい」という他ない．

　片や限られた予算，定員内での農業教育と研究，関連する技術研究が進められる．このため，成果，結果に相対的な時間を要する農業生産現場に近い分野へのしわ寄せや論文数という断面的業績評価のものさし等が農学部の理，工学部化（？）といわれる状況に拍車をかけている．このことは土臭い，食に直接関わる機関，人員の減少を余儀なくさせている．三枝正彦氏言わく，「もはや本来の農学教育をやっているのは大学農学部の附属農場やフィールドサイエンスセンターだけかも…．」という異常な状況となっている．

　暉峻淑子氏は著書「豊かさとは何か」の中で，「日本では経済価値のものさしのために非効率な農業を亡ぼし，輸入に依存しようとする主張がまかり通っている」と述べている．残念ながら依然と車などの工業製品の輸出した儲けで，外国から食料を輸入し，国内の農業生産，自給率向上の努力は不要とする主張とそれに共鳴するかのような政策が進行している．しかし，識者が指摘するように輸出産業が永久に続く保証は何もない．自給食料が不足した国のたどった道の悲惨さは歴史に多く学んでいる．筆者が通う中国は産業発展が著しいが，それを支える農業の振興にも力が入れられている．日本が従来のように中国などから相対的に安く食料を輸入できる状況にはない．自助努力，自給率向上の大切さを痛感している．ちなみに，日本の食料自給率は40％，穀物自給率は30％を切っている．さらに，農村における農業人口の加齢と少子化による減少，過疎化の進行，限界集落増の中，中央や行政が「農業振興」を口にするが，実際現場で誰がするのか．また，農学や生物生産学部の名のもと農学，農業発展学術的に寄与すると大義を掲げるところ多いが，研究の自主性をうたって，現場の実態と余り関係のないテーマに「打ち込む」サラリーマン的学者の増加が危惧されている．ちなみに，三輪睿太郎氏は，「総合研究をすすめつつ専門分野が自ら変身して，必要な専門分野の再編が行なわれるのが，農業技術開発に携わ

るものの健全な姿であろう.」と述べている.現場との関連が重要性なことを示している.農学が応用科学であることを考えれば,現況を反省する国民的対応が求められよう.

　加えて,毛利和子氏(著書　日中関係)によると,終戦時,中国は日本の大部分の国民に戦争責任は問わないとして,当時500～1,800億ドル(今に換算すると,私は仮に300～1,000兆円以上と試算)にのぼる直接的な損害賠償を貧困な日本に求めなかった.このことや既述のような中国の土地利用状況を省みると,今日,日本国民の食料生産と消費,農業に対する謙虚な配慮が求められよう.

　今進められる食料,農業,農村基本法の骨子は,約20年前大内　力　氏がその著「農業の基本的価値」の中で重要性を主張されたものの一部具体化と私は見ている.政策提言から実行まで20～30年かかる日本の農政を象徴する面がある.

　また,ノーベル化学賞受賞者の野依氏らは,グリーンケミストリー・グリーンテクノロジーの重要性を指摘している.このような視点からも環境保全型農業に関わる理化学の研究を更にすすめる必要性がある.澤地久枝氏の著書に,村の古老(注.和歌山県,浜口翁)が津波の到来を事前に察知し,ほむらをあげて村人をいち早く山の方へ,高台へ避難させた話が記されている.日本農業とりわけ生産現場環境の危機とその早急な対策を急ぐことが喫緊と見られる.

　このような複数のごちゃまぜ的背景から,単にJASマーク認証シールを付けた安全な有機栽培品と言われることは,いかに環境を配慮し,作業上の努力を積み上げ出荷されたものなのか.など食育を根底で支える生産,農業現場環境の理解を促し,日本農業が瀕死状況にならない先に国民が主体的に方向性を舵取りする必要性があるとの考えと啓発の思いも本書の企画に込めた.

　かつて,農業試験場長を経験されたM氏は,試験結果等を発表,文にしないのは何もしなかったのと同じであると言われていた.このことが,長く耳に残っている.既述のように十分な考察はできないものもあるが,時

間が来たため（？）現場の多様な事例として考察に供した．時間があればさらに検討したい．本書が「複合肥料に関する研究と応用」，「土壌と生産環境」（いずれも養賢堂刊）につづき冊子になったことおよび教育，研究を支えて下ったことは，みな協力下さった各位のおかげと感謝している．加えて2007年10月には，全国大学農場教育賞を拝受した．重ねて関係のみなさんに感謝します．

(2009年5月)

資料1　地域資源を活かした実践的な生産環境維持技術の研究と啓蒙

(2006年9月6日秋田県立大学講堂における日本土壌肥料学会秋田大会受賞講演概要)

研究の概要についてお話致します.

1. はじめに

　ねらいは，北陸地域が大陸由来酸性雨のもらい公害や耕地の化学肥料多投連用下で土壌肥沃度が低下し，これが生産や品質，流通，消費の各方面へ影響しております．そこで，地域の未利用な生物性資源を利用し，土の骨と肉を補強し，安全，安心な食材の生産と供給が可能な環境を，客観的に評価できる理化学的な技術により支えることを試みました．
　その一端を示します．

2. 貝化石肥料

　まず土の骨，補強について話します．2,500万年前，富山湾の隆起にとも

図1　貝化石の産状．
日本海鉱山（高岡市五十辺）．

資料1　地域資源を活かした実践的な生産環境維持技術の研究と啓蒙（185）

表2　北陸産貝化石粉末のX線解析データ（粉末法）．

2θ 回折角	d 格子面間隔	I 強度比	既知物質 $I(2\theta)$	
			$CaCO_3$	SiO_2
20.75	4.28	12.8		38 (20.8)
23.00	3.86	9.8	16 (20.3)	
25.60	3.49	5.5		
26.55	3.35	4.9		100 (26.6)
27.40	3.25	4.9		
27.90	3.19	13.4		
29.35	3.04	100.0	100 (29.3)	
35.95	2.50	13.4	23 (35.9)	18 (36.5)
39.40	2.28	19.6	31 (39.3)	15 (36.4)
43.15	2.09	17.1		
47.50	1.91	12.2		
48.50	1.87	12.2		
52.35	1.74	5.5		

設定条件　管球 CuK_α 40kV − 20mA Load1.0, H.V.1,450, Time Constant0.5, C.R 2,000cps スリット1 − 0.15 − 1（理学電機　ガイガーフレックス）

なって約3億tの埋蔵があるとされる海生貝化石の利用を図りました．図1は，高岡市にみられる鉱床の一部です．灰白色が強いものはアルカリ分が少なく，淡く黄褐色のものはアルカリ分が多い傾向にあります．

ケイカルに比べた現物の化学性（例）は表1（Ⅳ章：表4.1）のようにpHが9，アルカリ分40％，CEC4，置換性の塩基ではCaが多い状態です．

鉱物の主成分はX線回析によりますと表2のように 2θ 29.3のピークから方解石型 $CaCO_3$ の炭カル，26.6の反射から SiO_2 のケイ酸です．

このうち，ケイ酸の溶解性についてみますと，1％水溶液，室温100日放置で図2のような

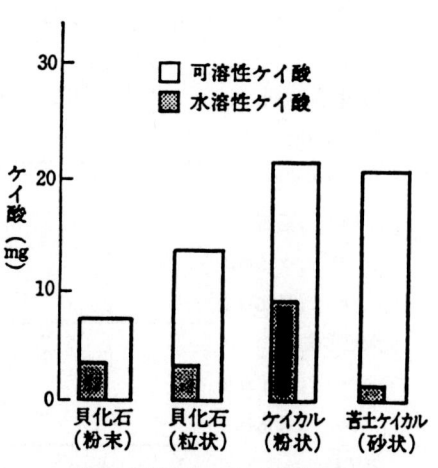

図2　貝化石およびケイ酸質肥料1％水溶液中のケイ酸．
（室温100日放置，上澄液100ml中）．

溶解性を示します．貝化石は，見かけ上ケイカルほどではありませんが溶解します．

この際，粒状品の方がより溶解する結果を示しているのは，粒状化の際，粉末の粒度を下げバインダーで再び粒状化しているためと考えられます．

酸度矯正能を中酸性の沖積加賀土壌と強酸性の洪積酸性能登土壌についてみますと，図3，4（Ⅳ章：図4.2, 4.3）のように貝化石はケイカルと炭カルの中間的な矯正能を示します．効果は，緩効性で持続的です．ちなみに，この図の場合pH6.5にするには，能登土壌では加賀土壌に比べて約3倍強の施肥を必要とします．現場での効果を事例で示しますと図5のとおり水稲では，このように現れます．すなわち，

図5　水稲　赤枯れへの効果．

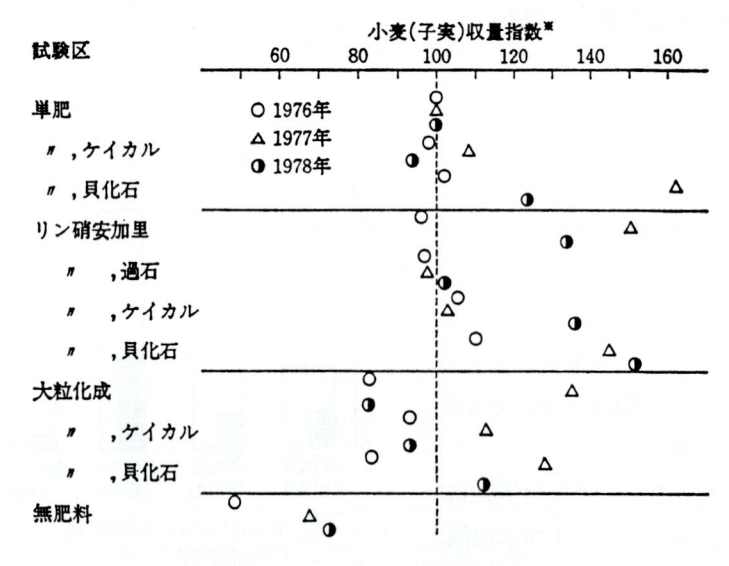

図6　水田裏作小麦に対する貝化石肥料の施用効果．

小松市木場潟干拓地でコシヒカリに発生している赤枯れ症に対しては10a当たり160kgの施用で改良効果が顕著に現れました.

畑作,小麦への効果を沖積平野の水田転換畑で3年連続施用した場合の成績を南部小麦について図6に示しました.ケイカル,貝化石ともに10a当たり200kg上のせ併用です.なお,元肥は窒素6kg,追肥窒素6kg施用条件です.単肥配合,リン硝安加里,大粒1B化成のいずれに併用しても貝化石の効果がみられました.なお,リン硝安加里に併用すると窒素などの利用率が上る傾向がみられました.

図7は,沖積水田転換畑,露地のトマト有機質肥料栽培においてサターン種に対する10a当たり貝化石200kg併用の効果を示したものです.7月末,8月はじめ3～4段果ともに果実のV-C含有量がやや高い傾向にあります.

この他多数の作物,野菜に貝化石の施用効果を試験しました.そこで,貝化石肥料の肥効発現機構としては,図8(Ⅳ章:図4.3)のように直接的な土壌改良効果と肥料効果,並びにpH矯正とカルシウム,ケイ酸成分施用にともなう二次的効果が土壌および作物に現れます.これが増収と品質の向上

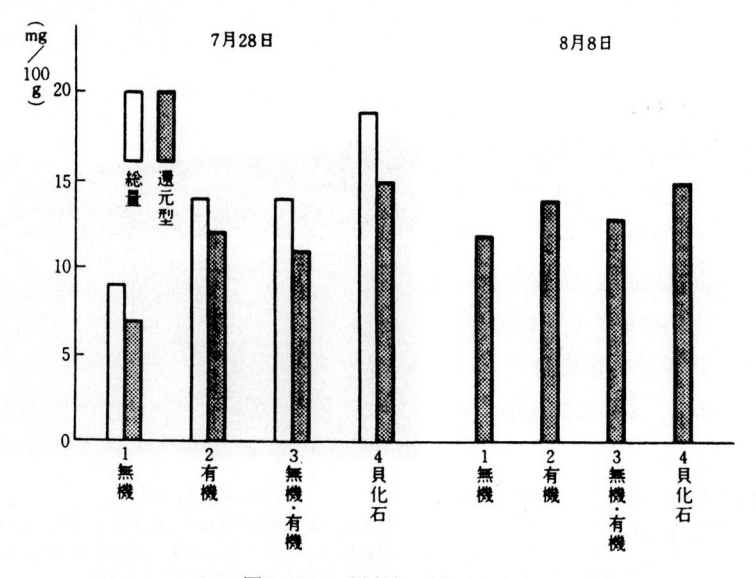

図7 トマト果実中のビタミンC.

に関与すると考察しました．これらの機構解明は有機質肥料栽培には天然の貝化石肥料併用が望ましいという流れが一部で形成され，普及が進み，現在年間約5万t出るようになりました．かつて埋立て用のしまる『いしばい山の土』とされていた頃とは隔世の観です．

環境の不良化と生物性廃棄物の発生

耕，緑地土壌の酸性化や酸性雨被害等への基本的な対策が必要なことと，地球温暖化防止や環境の保全に関わる生物性廃棄物の焼却，投棄，規制から，堆肥化が注目されています．地域産動植物由来廃棄物を土壌の肉：腐植富化と安全で良質な食料生産および美しい緑環境を維持するために，肥料，資材へリサイクル利用する新しい石川型環境静脈産業づくりが緊要です．

3. 未利用資材の堆肥化など

次に土の肉，腐植の補強について述べます．

廃棄される地域の未利用のものの粉砕，堆肥化を図りました．図9は，能登空港建設に際して出る雑木，根株の粉砕堆肥化作業の例です．なお，空港は今開港3年目です．

図10は島根，鳥取，兵庫，京都の日本海沿岸から海流で能登半島の海岸に漂着する流木を輪島港付近に揚げ，現場で粉砕し，洪積酸性の国営農地造成畑の熟畑化に堆肥とし施用試験をした様子です．なお，堆肥化の副資材は主に鶏糞，米ぬか，ふすま等を用いています．

施用例でみますと，図11のようにジャガイモ（ダンシャク）では，10a当たり3.5t施用で，無施

図9　耕地不良化，有機物粉砕と肥料化施用.

図10　流木の堆肥化
日本海の流木を輪島港にあげ，粉砕，堆肥化肥料を腐植投入が求められる現場，洪積酸性の開拓造成畑へ施用する．石川県鳳至郡柳田村にて．

石川型静脈産業システムの創出を

石川の地域に、土のバイオ機能を生かした安定な廃棄物のリサイクル肥料化と、腐植の富化に関わる優良なシステムが産業としてほとんど育っておりません。加えて、生産されるリサイクル有機質肥料、資材の適切な使い方が確立しておらず、啓蒙も充分とは言えません。

地域産木質系廃棄物利用堆肥の施用効果

	ジャガイモ	ダンシャク	1999年柳田村
	収穫量(t/10a)		平均個体重(g)
1. 樹皮堆肥7トン施用区	1.97 (133)		89.5
2. 同上 3.5トン施用区	1.91 (129)		75.6
3. 対照区	1.48 (100)		82.8

各区とも窒素肥料を化成で10a当たり成分量で元肥16kg、追肥16kg施用.

図11 ジャガイモへの効果.

用に比べて30％増収の効果がみられました．

　北陸地域には石川県だけでも農林業関係で年間約60万t強，富山，福井を含めた3県で200万t弱もの各種堆肥化素材が出ます．これらの堆肥化，高機能の肥料化，土壌還元が静脈産業立ち上げや地域振興上，強く望まれます．

　図12は兵庫県竜野の播州そうめん製造時に出る食品汚泥と能登半島の木質粉砕繊維化物，牛糞を混合堆肥化試験したものです（切り返し作業中）．

　なお，これら堆肥化関連の資料は，広く啓蒙用パネルとして石川県の農林漁業まつりなどで用いました．

　図13は，地域産未利用資源の1つとして，七尾西湾の年間3,000tでるカ

キ殻を粉末肥料化し，更に付加価値を高めるため，転炉さい，バインダーで混合造粒し，肥料登録を受けたものの効果です．

ハウスキュウリ株元へ200ｇ局所施用した場合，根圏土壌が改良され，根こぶの立枯れ被害抑制が見られ，結果的にカキ殻と鉄などの施用効果が明らかに推定されます（口絵.4も）．

4. イネによる沙漠緑化など

ところで，大陸からのもらい公害軽減のためには，朝鮮人民共和国や中国の経済力向上，とりわけ食料の安定生産に協力することが間接的にプラスとなると考え，1993年から，中国内蒙古自治区ゴビ沙漠においてポプラの木ではなくイネによる沙漠緑化という一見マンガチックなことをはじめ，協力しております．

図14はゴビ沙漠の一部クグチ沙漠でポプラによる緑化の現実を示したものです．簡単に「緑化」が進まないことを示しています．

地域生物性廃棄物を
石川の筋肉へ

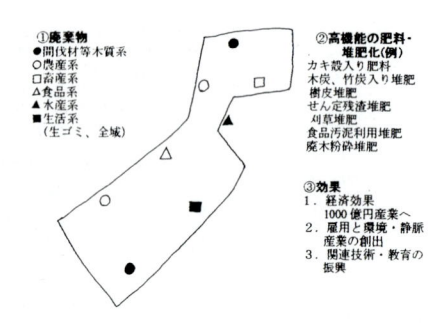

①廃棄物
●間伐材等木質系
○農産系
□畜産系
△食品系
▲水産系
■生活系
（生ゴミ，全域）

②高機能の肥料・堆肥化(例)
カキ殻入り肥料
木炭，竹炭入り堆肥
樹皮堆肥
せん定残渣堆肥
刈草堆肥
食品汚泥利用堆肥
廃木粉砕堆肥

③効果
1. 経済効果
   1000億円産業へ
2. 雇用と環境・静脈産業の創出
3. 関連技術・教育の振興

図12 筋肉づくり．

図13 カキ殻入り資材，キュウリ立枯れに効く（右対照区）．

資料1 地域資源を活かした実践的な生産環境維持技術の研究と啓蒙（ 191 ）

内蒙古自治区の西方アラシャン盟において黄河から水を引き，標高1,400mのところで3年間かけ図15のように日本稲が生育するようになりました．昼夜の温度差が20度強ありますので，ほぼ無農薬でイネが生育します．

水稲の収量は表3のように10a当たり中国の在来種330kgに対して空育141号485kg，あきたこまち437kg，きらら397 361kgとササニシキの320kg以外まさりました．この時点ではコシヒカリ，あけぼのなどは収量が低い状況でした．なお，この結果は翌春北京の人民大会堂で報告され，広く中国全土で注目されることになりました．

図14 ゴビ沙漠のポプラによる緑化．

図15 イネ収穫．

表3 中国ゴビ砂漠における日本稲の生育状況．

No.	品種	最高草丈(cm)	最高稈長(cm)	株当たり茎数	1穂当たり籾着粒数	登熟歩合(%)	精玄米1,000粒重(g)	収量*(kg/10a)
1	ササニシキ	84.4	68.6	22	64.5	43.9	18.7	317
2	きらら397	78.8	65.0	23	55.3	51.6	20.2	361
3	ひとめぼれ	86.3	71.5	14	46.3	33.2	19.7	115
4	キヌヒカリ	73.5	59.0	11	65.4	0	—	—
5	空育141号	73.2	61.0	27	47.6	73.9	18.8	485
6	あきたこまち	84.0	68.0	16	93.9	50.2	21.3	437
7	ユキヒカリ	77.1	64.9	16	38.8	78.3	19.9	263
8	コシヒカリ	88.7	75.3	26	38.5	2.0	14.7	7
9	あけぼの	72.0	—	12	0	—	—	—
10	秋田もち45号	84.0	71.5	16	88.3	30.1	21.8	251
11	中国現地在来種	88.7	75.7	14	109.3	36.7	21.6	330

*3.3m^2当たり90株の栽植密度で算出

ちなみに，水稲に比べ陸稲では水の灌水量が少なくてすみ，米もとれるというネライから畑条件で溶解しやすい新しい鉄肥料の開発と施肥法を森敏氏らと研究することに発展しました．

図16（V章：図5.7）はpH9の貝化石土壌ハウスの沙漠に似た条件でキレート態の鉄が点滴かん水栽培で使え，有効であることが分かった例です．陸稲ではm^2当たりFeとして2.5gが適当です．

図17は2価鉄＋有機質素材を含む肥料「鉄力あぐり」および輸入石炭の産地によって鉄分含有量の違いがある火力発電所から出る年間数百万tに及ぶ石炭灰（FA）もpH9のアルカリ条件で溶け，鉄分供給の効果が陸稲栽培でみられることが分かった例です．

さらに，このFAに農村集落下水汚泥から作られたペレット化肥料を併用すると著しい効果のあることが分かったことも示しています（図の左手前）．

現在応用を考え中国内蒙古農業大学（石嶺教授，三友農牧公司ら）と沙漠地で協力試験をして

図17　FA，鉄力あぐり（小矢部ハウス）．

図18　貝化石鉱山で新肥料による植生回復試験．

図19　アルカリ石灰鍾乳洞　ひめゆりの塔．

おります.

図18は，先述した貝化石掘削採土跡地鉱山で緑化の植生自然回復試験に各種の含鉄肥料を散布し，その効果をみたものです．m^2 当たり Fe_2O_3 で約62g施用すると効果のあることが分かりました.

5. むすび

以上のようにアルカリ性の地域産貝化石肥料，未利用素材の堆肥化還元，不毛の沙漠地におけるイネによる緑化など土壌改良や食料生産環境に関わる一連の実践的な研究を試みました．ちなみに，この図19はアルカリ性土壌，石灰鍾乳洞に似た沖縄南風原陸軍野戦病院ごう，いわゆるひめゆり部隊の多く（240名中約136名）が殉死されたところです．この場に立っては何人も涙が頬を打つまさに痛ましい悲しみのアルカリ土壌とも言えましょう.

このようなアルカリ性土壌，酸性土壌を問わず当該の苦汁を飲んだような顔を示す不良土壌の改良や環境の維持などに，今までお話したことが何らかの参考になり，間接的に広く喜びと希望を与える笑顔の土や豊かな食料生産環境の構築につながれば幸です．詳細については，拙著等を御覧下さい.

終わりに，今まで長きにわたり研究への御指導や御高配，協力を賜りました学会関係各位，方々に厚く御礼を申し上げ，終わりと致します．御静聴ありがとうございました.

資料2　能登半島地震と農業被災

2007年3月25日の被災以降，海沿いの県道が崖の崩落等で不通となり，集落の全戸35世帯の大半が避難した輪島市門前町深見では，8ヶ月ぶりに笑顔が戻った．11月25日，道路の修理開通などにより仮設ハウスなどよりわが家に戻ることができ，自分の家で住めるよう努力可能となったことが報道され，「ようやくかなり被災地が復旧しつつある．」との思いを支援者らは感じた．ここでは私が3月31日および5月12日に被災地域の主要な箇

資料2　能登半島地震と農業被災

所を農業関連で見聞し，さらに自治体などから得られた資料を考察した一端を紹介する．

1．3月31日時点で現地を一部かけ足でまわった見聞

(1) 地震概況

2007年3月25日（日）午前9時42分，M6.9

震度輪島市走出（旧門前町）でM6.4．なお，中越地震はM6.5．

震源は，旧門前町沖合日本海深さ11km．

　ちなみに，震度「6強」は立っていることができず，はわないと動くことができない．気象庁発表では，断層の片方がもう片方に乗り上げる逆断層型で，横にずれる動きも大きかったとしている（3月25日）．

(2) 被害状況

4月1日現在，死者1名，重軽傷者279名，避難所入居者933名，家屋全壊316棟，半壊357棟，

2007年3月25日，北國新聞特別夕刊より．

総持寺． 　　　　　　　　　　　　　総持寺正門．

一部損壊1,576棟.

　ちなみに，調査済み住宅7,548棟中，レッドカード（危険）1,222棟（16.1％），イエローカード（要注意）1561棟（20.6％）と約4割が危ないとされている.

　灯籠の全滅や墓石の倒れ状況からみて真下からの突き上げ，横揺れが激しかった．切石積みの塀，乱積み石垣の崩れも散見される．一日ごとに被害の大きさが再認識されている．

(3) 被害が甚大なところの特徴

震度6であった輪島市，穴水町では，かつて沼や湿地，河岸の水田などを埋め立てし，町並み，市街化されたところが，多

旧門前町役場庁舎． 　　　　　　　旧門前町．

輪島市和田，寺の境内． 　　　　　土のうづくり（旧門前町）．

く被害を受けている．盛土に比べて切土したところに建つ建物は被害程度が軽かった．

輪島塗の仕上げ作業の一部は土蔵で行なわれている．土蔵の倒壊，被災により土の粉塵などの降下，沈着により製品出荷が不能となったものが多いとされる．地盤に小さな段差，盛り上がりが散見される．

(4) 農業環境関連

現在住居や関連する水，ガス，電気，排水路などの復旧優先で，農業関係の被災については未確認の状況．納屋，農具舎，育苗，カントリー施設，ビニールハウスなどの倒壊，被災による関連施設，設備，農機具の被災状況は，目下農協などの共済担当職員等が査察調査中．

また，圃場環境，農地，農道などの陥没，法面の崩落，土砂堆積，液状化などによる被害，用排水路，ため池，せき，水門，灌漑設備等の被災も調査が行政，土地改良区他で進められている．水田は，これから通水，入水してみないと小さな亀裂や漏水は，状況程度が分からない．概して切られてテラス状になっている耕地は盛土のところより被害が少ない．ちなみに，輪島の千枚田は大丈夫であった．配達を待つ倉庫に保管中の関係JA農材のうち，春肥などの肥料1万数千袋中約500袋が破袋等で，中味が産廃処理された．

ライフライン確保優先のため，農林漁業関係の被災確認と対策は，とにかく遅れている．なお，被災額は県関係の農林，土木部分野を中心に400億円以上と見られている．

(5) 考察

人命被害が少なかったことは，①時刻が3月月末の日曜日の午前で，晴れており，子供などは屋外活動，大人は村落内共同の作業などと外に出ていた人が多かったこと．②地域が積雪地で，林業が盛んなこともあり，家や納屋など木造の建物では，太い柱（5寸角15cm以上）や構造材などは，アテ材が多用され丈夫であったため全壊，倒壊を免れたものが多い．③地域が過疎地域であった．震度6の輪島市，穴水町，七尾市の北部，中能登町，志賀町合計人口約10万人強．などが幸いした．

既述のように復旧は努力されているが，調査とともに被害程度の深刻さが留意されている．また，片方で地域における後継者不足や加齢進行により農業集落が今後も維持されるか懸案とされてきた．この折，この被災で家が再建，修復されなければ，一部離村が現実化し，地域農業生産基盤の維持が今後危惧される．ちなみに，旧門前町は7,000人のうち65歳以上が半数とされる．正直，家の修理がされないと離農向都へ傾き，半島地域の農林業衰退へ間接的に影響する．

　なお，被災地では全国からの暖かいボランティアや物資，行政支援を受けて，自治体の限られた職員で復旧のため，連日深夜まで対応業務がなされている．農林，産業部門他，行政，JA等職員，関係者には過労による健康被害回避が望まれる．ちなみに，昭和46年開学の石川県農業短大の卒業生が被災地域でも多く居住し，与えられた任務を迅速に果していることは，大学創設による着実な地域貢献の一端と見，感謝，感激した．

2．5月12日時点．千枚田の田植え援農と地震被災

(1) 田植え様変り

　今春の能登半島地震で震度5を受けた輪島で，5月第2週末，心配されたが，撫育・食育の原点：千枚田の田植えが沢山の援農で晴天下行なわれた．今年から棚田オーナー制が導入され，海沿いの一角には各地からオーナー

安山岩の露頭が現れる千枚田
（輪島市白米：2007年5月）．

千枚田の田植えは中学生の早乙女の
作業から始まった（輪島市白米：2007年5月）．

資料2　能登半島地震と農業被災

地すべり地帯の里山，中央は水抜き用の井戸
（穴水町丸山：2007年5月）．

山沿いの水田は亀裂被災が多く，休耕となる（穴水町丸山：2007年5月）．

が加わった．このことへの配慮や地元営農従事者の加齢に伴い，棚田の稲作は援農がないと維持できないことから，田植え作業開始に先んじて歓迎の御陣乗太鼓や早乙女姿の田植えなどが花を添えた．作業は地元の方々に加え，一般，JA関係，小・中・高生や筆者の勤務する県立大生十数名を含む約300名の協力により，約2時間で大方終了した．田植えの下作業に協力された農協営農指導者らによると，ベテランの農民減少で，しっかりとしたあぜ塗りや導水作業など，今までのようなきめ細かな仕事が次第に不可能になりつつあるという．

盛土部水田の沢側，亀裂が伸びる
（穴水町丸山：2007年5月）．

田植えが出来た田は一部，休耕，放棄田が増える（穴水町丸山：2007年5月）．

(2) 地震被害

　見渡す棚田に水がゆき渡り，田植え作業にとりかかれたことは間接的に地震被害が少なかったことを示している．ちなみに同地域は安山岩類の堅い岩が日本海にせり出し，山からの小さな沢を囲むように千枚田が海に臨み位置する．

　川が運んだ土砂が堆積した平野の水田と違い，岩石の表面が風化，崩落，洪積したのを人間が高低に応じ小さな田へ順次つくり，全体として棚田の景観を示している．

　いわばしっかりした岩盤の上に多様な田が海岸から山側へ段々にへばり付いているとも言える．このことが強い地震に無事であった理由ともなる．

　ちなみに，昼までに田植えが終ったので，帰路震源地に近い穴水町と旧門前町間で穴水湾へ注ぐ小又川源流付近の卒業生が活躍する標高150mの山間，里山，丸山地区を訪ねた．かつて谷津田の小さな水田約10haに地滑り対策の水抜き井戸を各所に設け，約10aの水田に圃場整備された山合だ．ここでは山側の部分を削り，沢側を盛土し，田を造成したので，せり出た部分のあちこちで亀裂が入ったり，あぜが崩落したりで，田に水を入れてもたん水不可能な水田が約2割とされる．地滑り地帯において机上設計により，機械力に依存し，人為的に水田を大きくしたことによる被災の現実を見た．改めていつ到来するか分からない自然の威力に備えて，地形環境におだやかな順応をして人間が食料を生産しながら謙虚に共生してゆくことの大切さを痛感した．

(3) 主な被災内容（石川県 5月14日現在）

・農林水産被害
1165ヶ所　129.8億円
内訳　農業　834ヶ所　47.5億円
　　　林業　213ヶ所　16.1億円
　　　水産　118ヶ所　66.2億円

・家屋の解体ごみ県全体で
30～40万t－47億円うち輪島市だけで30億円と推定

・公共土木施設被害
963件　339.0億円
内訳　道路・橋梁665件　136.6億円
　　　能登有料・田鶴浜道路52件　97.6億円
　　　港湾・下水道・公園55件　48.3億円
　　　河川・海岸158件　32.2億円

・住宅被害　13,838戸
全壊593戸・半壊1,254戸・一部損壊11,991戸

なお，1.は2007年4月4日日本土壌肥料学会総会（東京）で，2.は同5月23日中部土壌肥料研究会（名古屋）で話した概要である．

資料3　世界におけるコメ，コムギ，コーンおよびダイズの生産量

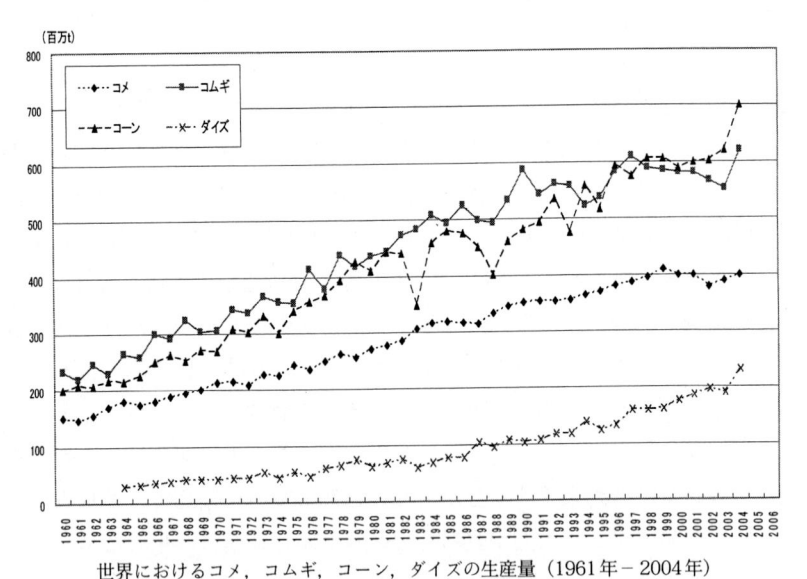

世界におけるコメ，コムギ，コーン，ダイズの生産量（1961年－2004年）
ソース：伊東研究室ホームページ（鳥取大学）；
世界の食料統計（http://worldfood.muses.tottori-u.ac.jp/graph/index.html），2005年2月

資料4　世界におけるコメ，コムギ，コーンおよびダイズの価格

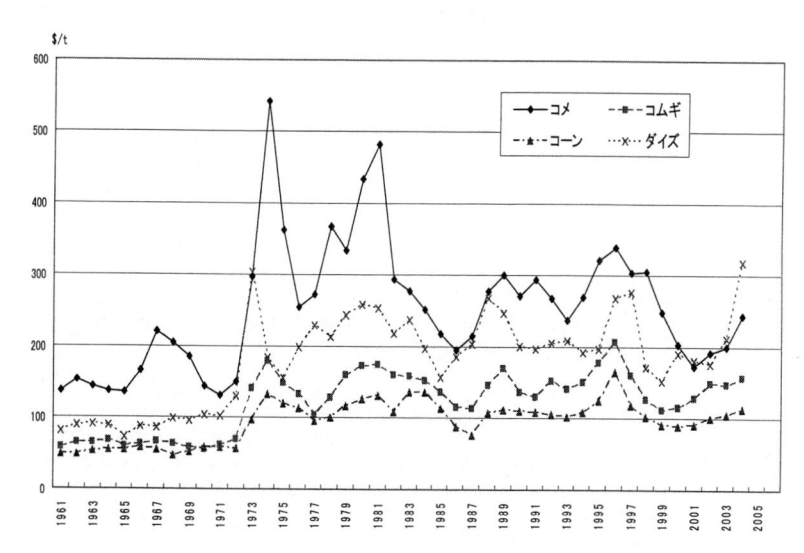

世界におけるコメ，コムギ，コーンおよびダイズの価格，年平均（名目価格，＄/トン，1961年－2004年）
ソース：IMF：International Financiall Statistics（IFS）の年次データを直接使用している（http：//ifs.apdi.net/imf)
注1：最近年のデータは，月次データの平均値．但し，現時点の2ケ月前までのデータ．
注2：コメ：Bangkok, 5％ broken, milled. コムギ：No.1, Hard Red, US Gulf,
　　　コーン：Yellow No.2, Gulf. ダイズ：U.S. c.i.f. Rotterdam.
注3：Calendar year.
出典：資料3, 4とも伊東正一「危機に瀕する世界のコメ」2005. より

資料 5

生物農薬の分類

生物農薬名	
天敵昆虫	天敵昆虫は，捕食性昆虫（餌となる動物を昆虫が探して食べる）と寄生性昆虫（成虫が，寄主の昆虫に産卵し，孵って幼虫が寄主の体を餌にして発育し，最終的に殺虫）がある．捕食性昆虫（捕食性ダニを含む）は，テントウムシ，ハナカメムシ，ショクガバエ，カブリダニなど．寄生性昆虫はハチやハエが多く，オンシツツヤコバチは，施設野菜類のコナジラミ類の防除，コレマンアブラバチは施設野菜類のアブラムシ類の防除に使用される
天敵線虫	天敵線虫として，防除に使われるのは体長1mm以下の昆虫寄生性線虫．線虫は宿主の体内で増殖し，ある生育段階の幼虫が宿主の体外に飛び出し，地中や地表にいる害虫の幼虫の体内に侵入する．その際，線虫は自分の腸の中に持っている共生細菌を放出する．細菌の毒素により害虫は敗血症を起こし感染してから48時間以内に死ぬ
天敵微生物 枯草菌	天敵微生物の代表は，Bacillus thuringiensis（BT）という枯草菌の一種で，殺虫剤として使用．BTは体の中に結晶性毒素をつくり，昆虫がBTのついた餌を食べると，アルカリ条件下の消化管の中で分解酵素により毒素が活性化され，消化管を破壊し殺虫力を示す．ミツバチのように消化管の中がアルカリ性でない昆虫が胃液が酸性の哺乳類では毒性は期待できない．BTはその種類により，コナガ，モンシロチョウなどに効くもの，ハエ，カに効くもの，甲虫に効くものがある
天敵微生物 病害防除細菌	Bacillus subtilisは，病害防除に使われている．この細菌は病原菌を直接攻撃する力はないものの，ある種の病原菌とは植物の表面で住む場所や栄養を奪い合い，後からきた病原菌は住む場所や餌が得られないため死滅する．結果として病原菌防除となる．現在，日本では，ナスとトマトの灰色かび病の防除剤として農薬登録されている
天敵微生物 雑草防除細菌	Xanthomonas campestrisは，雑草防除に使われている．この細菌は雑草の茎や葉の傷口から進入し，水分や栄養を体内に運ぶ導管を目詰まりさせ，最終的には枯死させる
天敵微生物 かび（糸状菌）	かび（糸状菌）は，昆虫の成・幼虫の体に付着すると胞子から菌糸を虫の表皮に密着させ，菌糸が体内で増殖し殺虫効を表わす．茎や柑橘類の害虫のカミキリムシ類を対象にした糸状菌製剤が農薬登録されている
天敵微生物 ウイルス 殺虫剤	病原ウイルスの中から，標的以外の生物に悪影響を及ぼさないウイルス殺虫剤として使用されている．代表例：Baculovirus属の核多角体病ウイルス，顆粒病ウイルス，Cypovirus属の細胞質多角体病ウイルス
天敵微生物 ウイルス 病害防除	植物がすでに感染しているウイルスと同じか，きわめて近縁のウイルスには感染しにくいという「干渉作用」を利用し病害防除に使用される．トマトのタバコモザイクウイルス，キュウリの緑斑モザイクウイルス，かんきつ類のトリステザウイルスの病害予防に使用

主な生物農薬

殺虫剤	BT, パスツーリア, ペネトランス, モナクロスポリウム, フィマトパガム, ボーベリア・ブロンニアティ, スタイナーネマ・カーポカプサエ, スタイナーネマ・クシダイ, チリカブリダニ, ククメリスカブリダニ, ショクガタマバエ, ナミヒメハナカメムシ, オンシツツヤコバチ, イサエアヒメコバチ, ハモグリコマユバチ, コレマンアブラバチ
殺虫剤	バチルス ズブチリス, アグロバクテリウム・ラジオバクター, トリコデルマ菌, 非病原性エルビニア・カロトボーラ
除草剤	ザントモナス・キャンペストリス

出典 有薗幸司：食のサイエンス3. 農薬−歴史, 関連法規, 残留問題, ポジティブリスト, 資源環境対策41巻No.9p.37（2005）より

資料6

抗酸化物質が含まれる代表的食品

抗酸化物質			代表的食品
カロテノイド類	β−カロテン		ニンジン, カボチャ
	リコペン		トマト, スイカ
	ルティン		トウモロコシ, 卵黄, ホウレンソウ
	フコキサンチン		ワカメ, ヒジキなどの海藻
	カプサンチン		トウガラシ, パプリカ
	アスタキサンチン		カニ, エビ, サケ, マダイ, イラク, オキアミ
含硫化合物			ニンニク, キャベツ, カリフラワー
β−ジケトン類	クルクミン		カレー粉, ショウガ
フェノール類	フラボノイド	ケルセチン	タマネギ, オレガノ, リンゴ
		イソフラボン	ダイズ
		ルテオリン	ミント, セージ, タイム, ルイボス茶
	アントシアニン		赤ワイン, ナス, ブルーベリー, 黒豆, 赤ジソ, 赤キャベツ
	カテキン		緑茶
	テアフラビン		紅茶, ウーロン茶
	リグナン	セサミノール	ゴマ

出典 矢澤 一良：食による病気の予防は可能か（2）抗酸化成分と疾病予防, 現代化学2006年4月号63−69

資料 7

主なバイオマス利用の種類と課題

	種類	具体例	主な課題
都市廃棄物・産業廃棄物	一般廃棄物処理施設でのごみ発電	すでにエネルギー利用されているのは、処理量5割程度	売電の実施、発電効率の向上、熱の有効利用、木くずなど産廃の受入れ等
	廃棄処理業者や製造業による廃棄物利用	黒液利用、製紙工場でのバイオマス発電等	安定的な資源調達、住民の反対、灰の処理
木質系	大規模 石炭火力発電に数％程度、間伐材や竹材を入れて混焼。RPS法対応	中国電力、四国電力、電源開発等	原料の収集システム確立、コスト高
	中規模 中規模バイオマス発電・熱供給施設	能代森林資源利用協同組合、銘建工業、東濃ひのき製品流通協同組合等	売電価格が低い、送電費用が高い、逆有償資源の運搬、熱需要の確保
	小規模 チップボイラー、ペレットストーブ、薪ストーブ	岩手県、長野県、広島県、銘建工業、大阪府森林組合、東京ペレット等	流通ルートの確保、輸入ペレットとの競合
	調理用炭など	飲食店、個人利用等	輸入炭との競合、安全性
エタノール	サトウキビ、トウモロコシからの生産	ブラジル、米国	作物の可食部分利用
	建設廃材などからの生産	日揮、月島機械等	原料収集、インフラ整備、免税処置
	廃糖蜜など農業廃棄物などからの生産	沖縄県	
Wet系	食品加工廃棄物	ビール会社、井村屋	臭気対策、初期投資が高い
	生ごみ	白石市、滝川市、横須賀市、横浜市、山形市、東京都（森ヶ崎）等	分別収集、生ごみの選別
	下水汚泥		汚泥だけでは熱量が少ない
	家畜ふん尿	京都府八木町	液肥の処理
地域おこし	菜の花プロジェクト、BDF（バイオ・ディーゼル）利用	滋賀県、愛東町、京都市ほか多数	栽培補助金獲得、BDF加工技術向上
	生ごみのメタン発酵利用	埼玉県小川町	分別収集
JI, CDM	温暖化対策として海外でのバイオマス利用	タイでのもみがら発電等	制度的確立

続き

マテリアル利用	バイオマスプラスチック	カーギル・ダウ社のポリ乳酸利用	NEC、東レ、ユニチカ、カネボウ、クラレ等	トウモロコシが原料、国際化
		その他	アグリフューチャーじょうえつ、北九州エコタウン、トヨタ自動車	原料調達、コスト
	植物繊維利用		トヨタ車体（自動車部品）、松下電工（建築用ボード）	原料調達の国際化？
	植物廃棄物、雑草、ホタテの貝殻、キチン・キトサンなど		ジーザック社、チャフローズ・コーポレーション	マーケティング、コスト

*　表ではすでに稼動中のものを主に取り上げたが一部，計画・実証試験段階のものを含む．
**　共通の課題：1) コスト　2) 資源収集システムの構築　3) 熱利用　4) 行政・手続きの壁，品質企画・安全性基準の不整備　等々
作成）NPO法人バイオマス産業社会ネットワーク（BIN）
出典　泊　みゆみ　バイオマスエネルギー推進に向けた課題と展望より，資源環境対策42（2006）

資料8 作物別・土壌別の下水汚泥コンポスト施用基準一覧

重金属の過剰な土壌中蓄積を防ぐため現在我国では表のような作物別,土壌別の下水汚泥堆肥の施用基準が出ている.

作物別・土壌別の下水汚泥コンポスト施用基準一覧（試案）　（乾物あたり）

作物名	施用量 (kg/10a/年)			特記事項など
	砂丘未熟土	沖積土	黒ボク土	
水稲	(100〜150)	(50〜150)	(80〜150)	元肥を減ずる必要がある
オオムギ	200〜400	200〜400	200〜400	
コムギ	200〜300	300〜400	200〜400	多施用は過繁茂になりやすい
バレイショ	200〜300	300〜380	250〜380	春作には施用しない
カンショ	100〜150	50〜100	50〜100	pH上昇に注意
ダイズ・落花生	100	100	100	
ベガナ	500	500	300〜500	黒ボク土での効果小
キャベツ	250〜450	350〜650	350〜650	未熟土で効果小の例が多い
ハクサイ	300〜500	300〜500	300〜500	
コカブ	380〜600	380〜500	300〜500	
ニンジン	150〜200	200〜300	200〜300	窒素に対して鋭敏なので多肥しない
ダイコン	250〜400	250〜400	250〜400	施用効果は高くない
タマネギ	200〜400	400〜500	400〜500	施用効果が高い作物
スイートコーン	500〜750	750	500	施用効果が高い作物
エダマメ	120〜250	120	120	
青刈デントコーン	300〜500	300〜500	300〜500	施用効果が高い作物
青刈ソルゴー	250	250〜500	250〜500	高分子系コンポストは施用しない
イタリアンライグラス	200〜300	200〜300	250	
チモシー	200〜300	200〜300	250〜400	腐植質黒ボク土での施用効果小
果樹	200	200〜300	300	ナシ
茶	200	200	200〜500	秋肥の一部として施用する
桑	500〜900	500〜800	500	春肥と夏肥に分けて施用する

出典　上沢　正志：コンポストに含まれる重金属と施用上の留意点
有機廃棄物資源化大事典 p80 農文協（1997）より

資料9　援農が支える千枚田

1．陽ざしと影

　能登半島地震から1年余過ぎた5月11日，輪島の千枚田では，20名の学生援農バスが出発した雨天の金沢と違い，七ッ島も見える快適な田植え日和となった．作業に先立ち，御当地名歌手水森かおり嬢の「輪島朝市」などの歌唱元気付け（陽光）があり，作業に入った．周知のようなノオー政ともやゆされる農業政策のもと，イネを育てる意欲が衰える農家の増加や農業の継続不安を跳ね返すように約300名の援農を受け，1時間余で大方田植えが終了した．当日迄の市やJAなど地元関係者により，あぜ作りなどの準備がされていたおかげである．現場，農作業者の老齢化，「農」への関心稀薄化，片方で食料の値上がり，供給危惧の念，放任されている感の農政など．里山や半島振興が口で言われるが現実，各種格差が拡大，影が強くなるばかり．経済・地理的に不利なところで，農村維持に関わる行政当事者の苦労はいうまでもない．

2．催の力を借りる

　年齢65才以上の人が集落構成員の半分以上を占める限界集落では，今迄の農作業維持は全国的に困難化．「農業は大事」の言葉だけの援農は，むなしく響く．まさに百の論，万の活字（論文）より素足になり，声なき暖かい能登の土を踏み，1枚10株余りの田へもイネ苗を植え，草刈り，秋のイネ刈りを援農実践する．地域の現場に臨み観察，体験してこそ今，安全な食料確保や食育の基礎に何を我々が第一になすべきかを示唆し，緊張感を与える．正論がもはや通りにくい状況なら，田植えの催し効果を借りて，棚田を維持するのも次善の選択肢だ．

3．田植えができる喜び

　全国で耕地約400万haのうち約10％が耕作放棄地とされる．片や大手自動車メーカー1社の新入社員が2,000人と言われる中，国内農業の新規学卒就農者はこの10分の1にもみたない．39から45％へ食料自給率アップの国策目標は，「口」だけのようにも聞こえる．巷では，道を作るための税金の取り合いが目に余る．反省すべきは原点．肥沃な土づくりを礎とした農林業は道づくりに連なるが，道は食料を作らない．ちなみに，田植え後，援農学生と今まで地元の棚田を支えてこられた篤農（83才）を訪ねた．22才で徴兵を受け，呉の海軍工廠で大和の修理に関わったと言われる．巨艦出撃，敗戦の愚かを今反省され，戦争は，食の生産，命を守る農業には不要と，平和のありがたさを若い学生に語られた．

　半島・棚田の農業を守りつづけた先達への感謝を込めて，できる限り，かつての棚田豊作の景観をどう戻そうか．農業への希望の手紙をあなた方へ出すために，書いて支え続けたい田植え．援農と共に強く生き，また明日へ踏み出す輪島の千枚田．（概要は北國新聞2008年6月9日夕刊「舞台」欄に掲載）

資料10　生ごみ変身"スーパー肥料"

収穫量，うまみアップ，たい肥に天然貝化石加え，地場スーパー依頼，循環型リサイクルへ

　スーパーから出る生ごみを処理したい肥に天然貝化石の肥料を加えると，化学肥料使用時を上回る収穫量を得られることが県農業短大の長谷川和久教授らの研究でわかった．スーパーで作ったたい肥を地元農家に提供し，収穫された作物を再びスーパーが買い取る地域循環型リサイクルを目指す地場スーパーが，同短大と協力してシステム確立に乗り出した．

　長谷川教授と斉藤陽子研究員は昨年7月，調理して残った魚の内臓や野菜くず，傷んだ果物，賞味期限切れの惣菜などの生ごみを，たい肥用に一時

処理した状態でニュー三久（金沢市）から3tもらい受けた．1ケ月の熟成を経た後，大根やカブなどの秋野菜の生育状況を化学肥料の場合と比較した．

　生ごみたい肥は，化学肥料に比べ土壌でゆっくりと微生物に分解されるため，長期間にわたって効果を発揮する特性がある．また，県内の土壌は主に酸性のため，天然の貝化石肥料を加えることで，土壌が中和され野菜が地中の養分を吸収する率が高くなった．

　さらに，大根の糖度は生ごみたい肥を使用した場合が4.2と，化学肥料を使用した場合の3.7を上回り，うまみが増すことも裏付けられた．

　ニュー三久によると，同社の店舗から排出される生ごみの量は年間約680t，一店舗当たりでは多い店で1日250kgに上る．同社では，2001（平成13）年に導入された食品リサイクル法を受け生ごみの再利用法を検討していた．

　長谷川教授は「ごみも資材としてとらえることが重要だ．流通の協力を得ることで石川型のリサイクルシステムが可能になる」と話した．研究の成果は28日から金沢市内で始まる「環境の保全と緑化に関わる資材・技術研究会」で発表される．

【北國新聞　2003年1月27日夕刊　写真略】

資料11　カキ殻肥料植物のがんに効く
キュウリ栽培，生産量3.6倍

　能登産のカキ殻を混ぜ込んだ肥料が「植物のがん」と呼ばれる線虫による土壌病害の予防に効果を発揮することが県立農業短大の長谷川和久教授の実験でわかった．カキ殻に含まれるカルシウム化合物が植物の抵抗力を増大させたとみられ，キュウリの試験栽培では生ごみ肥料などと併用した場合，生産量が3.6倍まで伸びることも確認された．七尾西湾で生じる養殖のカキ殻は年間約3,000t．地元の生物性廃棄物を活用したリサイクルシステムの確立を後押しする．

　線虫の害を受けた植物は，根がこぶのように膨らみ，地中の栄養を吸い上

げられなくなって立ち枯れてしまう．連作やガラス温室，ビニールハウス栽培などの作物に多く見られる．

長谷川教授は，5年ほど前にカキ殻の粉末と鉄分などを混ぜ合わせた肥料を地元メーカーと研究開発．今回は効果的な施肥法を調べるため，カキ殻入り肥料を使わない畑と，使った畑でキュウリを栽培して生長を比較した．その結果，使わなかった畑では線虫の害が目立ったのに対し，使用した畑ではほとんど被害が確認されなかった．

さらに，14.4 m^2 あたりの収量は，カキ殻入り肥料なしで 10.4 kg なのに対し，肥料を使った場所では 11.1 kg，スーパーから出た生ごみを使った堆肥も併用した場合は 36.1 kg にまで増加し，有機質の肥料と組み合わせることで生産量が大きく伸びることが分かった．

長谷川教授は結果を来春の学会で報告することにしており，「カキ殻入り肥料の使用が進めば，循環型の地域社会確立の一歩となる．石川が生んだ技術として全国に発信したい」と話した．

【北國新聞 2004年7月14日　写真略】

資料 12　石炭灰で土壌改良
石炭灰とカキ殻で肥料，砂漠緑化の新兵器に，アルカリ性土壌で効果

中国内モンゴル自治区で砂漠緑化に取り組む石川県立大の長谷川和久教授の研究で，火力発電所から出る石炭灰と，カキ殻を混ぜた肥料が，砂漠のようなアルカリ性土壌での植物栽培に効果的なことが分かった．15日，小矢部市長の試験ほ場で説明会を開いた長谷川教授は「農業振興だけでなく，廃棄物を有効利用する循環型社会づくりにもつながる」と話している．

長谷川教授は13年前から稲栽培によるゴビ砂漠の緑化を研究している．アルカリ性土壌では通常，植物は鉄分を吸収できず生長できない．しかし，ケイ酸や鉄，カルシウムなどから成る石炭灰の成分は，アルカリ性の土壌でも植物によく吸収される．また，カキ殻に含まれるカルシウム化合物に，

植物の抵抗力を高める効果があることが分かってきたという．

　北陸には敦賀，七尾，富山新港の三火力発電所があり，年間60万tの石炭灰が出ている．カキ殻は七尾の養殖で年間約3,000t出ており，いずれも北陸で賄える．

　長谷川教授は，小矢部市長の自宅横の試験ほ場に砂漠の土壌を再現．石炭灰，カキ殻を混ぜた肥料などを使って陸稲を栽培し，効果を調べた．

　15日の説明会には植物や農業の研究者，肥料メーカー，JAなどの関係者約30人が参加した．

　長谷川教授は農業集落排水の下水汚泥から作った肥料も有機物を多く含み，植物栽培に適していることを紹介し，「石炭灰で鉄分を補い，下水汚泥肥料で有機物を与えれば，さらに大きな効果が期待できる」とした．

【北日本新聞　2006年7月16日　写真略】

資料13　廃棄瓦粉末の利用例
瓦粉末作物生育を促進，水はけ向上，廃棄品の再利用加速，重金属の影響なし

　粉砕した廃瓦を混ぜた土壌は，混ぜない土壌に比べて作物の生育促進に効果のあることが，石川県立大の長谷川和久客員教授（土壌・肥料学）の3日までの研究で実証された．水はけなどに優れる瓦粒子が作物の養分吸着を促すとみられ，懸念されたヒ素やカドミウムなど重金属の影響は確認されなかった．これまで用途が限られた廃瓦の農業分野への活用に向けて期待が膨らむ研究成果となった．

　長谷川客員教授は昨年，5mm以下に破砕した瓦粉末を使って稲や大豆，大麦などを栽培し，生育に与える影響と，収穫した作物と栽培跡地の重金属含有量を調べた．

　稲の栽培では，瓦粉末を10a当たり0.5t，1t，2t混ぜた場合と，全く使わない場合の4区画に分け，同じ条件で育てた．その結果，稲穂1本当たりのもみの数は，瓦粉末を2t混ぜた場合は100粒，1tで96粒，使わない場合

（ 212 ）資料13　廃棄瓦粉末の利用例

は93粒と，瓦粉末が多いほど，もみの数が多く，重量も増えたことがわかった．

　生育を促進させた理由について，長谷川客員教授は「瓦粒子の高い通気透水性に加え，稲の生育に重要なケイ酸が瓦粉末から溶出したため」とみている．大豆の場合でも瓦粉末を使うことで1割ほど大粒に育つなどの結果が得られた．

　さらに瓦粉末を2t使用した稲の玄米中の重金属含有量は，カドミウムが規定基準である1ppm以下の0.25ppmだった．栽培後の土壌中ではヒ素が15ppm以下の1.4ppm，銅は125ppm以下の0.5ppmで，瓦粉末を使わない場合とほぼ同じ値だった．ほかの作物の重金属含有量もすべて基準値以下で安全性が確認できたという．

　長谷川客員教授によると，県内で廃棄される瓦は年間約6万tに上るという．遊歩道や水田の暗渠などに再利用されているが，作物栽培への活用について，瓦や釉薬に含まれる重金属の悪影響が懸念されていた．

　長谷川客員教授は「瓦粉末にはやせ衰えた土壌を改善させる効果もあり，農業分野での需要は多いだろう」と話している．

【北國新聞 2008年5月4日　写真略　詳細は農業および園芸84巻357－359（2009）に掲載】

索　引

英　字

Cd ····································· 153
CDU ··································· 83
FA ······························· 108,175
JAS 認証 ······························· 25
Pd ····································· 153
pH 矯正 ······························· 118
QS 農法 ································ 43

ア　行

青いバラ ······························· 114
秋落ち ································· 35
あきたこまち ························· 137
アグリ・環境博 ······················· 165
アグリ・フォレストセラピー ········ 75
アシ ··································· 23
アズキ「能登大納豆」 ··············· 127
新しい鉄肥料 ························· 148
新しい農材 ···························· 105
油かす ································ 151
アラシャン盟 ························· 137
アルカリ性土 ···················· 151,152
アルカリ性土壌 ······················ 147
アルツハイマー型痴呆症 ············ 167
育苗床土 ······························· 95

石野邑一 ······························· 24
イタイイタイ病 ················· 136,155
イチゴ ································ 106
イネによる緑化試験 ················· 145
癒しの力 ································ 8
内蒙古自治区 ························· 137
内蒙古農業大学 ······················ 146
援農 ·························· 7,8,16,58
援農体験 ······························· 17
王素琴 ································ 145
大仁自然農法農場 ··················· 169
オオムギ ···················· 149,150,176
汚染田の復元事業 ··················· 136
汚染土壌の浄化 ······················ 152
汚濁除去 ······························ 166
小千谷 ································· 47
汚泥 ······························ 151,171
小矢部 ································· 47
恩格貝 ····························· 143,144

カ　行

貝化石 ····························· 20,108
貝化石肥料 ···························· 108
貝化石粉末 ···························· 108
回転寿し ······························· 24
化学肥料 ······························ 161

索引

化学肥料の単用，多施…………………162
化学肥料の連用…………………………16,30
カキ殻………………… 108,111,113,171
カキ鉄成分………………………………129
カキ鉄肥料………………………………112
カジュマル………………………………10
過剰栽培…………………………………163
過剰施肥…………………………………6
過疎化……………………………………3
家畜排泄物………………………………12
カドミウム検出…………………………136
カネミ油症………………………………64
カブ………………………………………125
紙マルチ田植え…………………………91
可溶性ケイ酸……………………………175
殻類の化学成分…………………………112
軽石………………………………………97
河北潟……………………………………6,165
河北潟沿岸………………………………42
河原市用水………………………………38
環境汚染…………………………………6
環境と人間………………………………155
環境保全型農業………………………2,22,133
緩効性肥料………………………………47,48
間伐材の堆肥化…………………………81
技術移転…………………………………173
機能水……………………………………133
機能性食品………………………………69
木下順三の「夕鶴」……………………164
客土………………………………………50
牛糞………………………………………151
牛糞堆肥…………………………………152

キュウリ…………………………………126,128
キュウリのセンチュウ害………………80
局所施肥…………………………………6
草刈り……………………………………22
クズ………………………………………75
九谷焼……………………………………154
クリンカーアッシュ……………………123
ケイカル…………………………………108
ケイ酸……………………………………31,160,161
ケイ酸カルシウム………………………160
敬土愛農…………………………………31
珪藻泥岩…………………………………115
珪藻土……………………………………115,117,118
珪藻土入り複合肥料……………………119
軽量化……………………………………96
下水汚泥…………………………………12
下水脱水汚泥……………………………83
血管の掃除屋さん………………………69
健康な土…………………………………9
源助大根…………………………………125
減肥………………………………………5,44,65
兼六園内落ち葉の堆肥化………………84
黄河………………………………………139
黄砂………………………………………139,144
抗酸化性機能……………………………69
耕地環境の悪化…………………………15
荒廃田……………………………………3
鉱物化事例………………………………152
国営農地開発事業………………………165
国際基準…………………………………26
コシヒカリ……………………7,29,42,130,139
小林純……………………………………136

ゴビ砂漠	137,139	実践農学	178
ゴビ沙漠でトマト	177	芝	110
ゴマ	69,72	ジャガイモ	79
コマツナ	102	周恩来	145
ゴマリグナン	70	重金属濃度	101,103
コメ凶作	15	熟畑化	167
米質の評判	29	珠洲産珪藻土	116
米ヌカ	61	循環型農場	174
米ヌカ成分	63	循環型モデル農場	171
衣川村	13	沙（砂）漠緑化	125,143,147
コンロ	115	庄川水系	50

サ 行

		省農薬米	158
		省力栽培	44
		食育	21
最適土壌pH	32	食品廃棄物	12
砂丘農業	143	植物工場	106
砂丘畑土	152	植物工場野菜	106
サトウキビ	71	食料，農業，農村基本計画	20
里山	74	除草	22
里山荒廃	76	水酸化鉄	150
里山の資源	74	水質汚濁	40
沙漠	141,147	水田環境	29
沙漠を緑に	144,155	水稲省力栽培	42
沢野ごぼう	169	ススキ（カヤ）	23
酸性雨	16,30,144,162	政策提言	157
酸性雨の被害	140	生産基盤	5
酸度矯正	161	生態利用型有機農業	172
酸度矯正効果	108	生物性の悪化	162
三白	158	生物性廃棄物	21
残留基準値	26	生物性廃棄物資材	74
施設	28	静脈産業	21
実習教育	8	ゼオライト	97

石炭火力発電所……………… 123,139
石炭灰……………………………… 175
石炭灰 (FA)…………………… 123
石炭灰の化学組成……………… 124
石炭未燃焼物…………………… 123
石灰質アルカリ性土壌………… 147
雪害対策…………………………… 28
石灰窒素…………………………… 83
施肥効率……………………………… 5
セリサイト……………………… 154
繊維類…………………………… 103
浅耕土地帯………………………… 50
染色汚泥堆肥…………………… 152
千枚田……………… 16,43,52,56,110
蘇州市……………………… 171,173
速効性肥料……………………… 47,48
ソバ………………………………… 22

タ 行

ダイオキシン……………………… 64
大豆……………………………… 3,11,32
大豆栽培…………………………… 14
大豆の小粒化……………………… 18
堆肥……………………………… 162
堆肥化…………………………… 21,74
堆肥化作業………………………… 85
堆肥化作業の実際………………… 87
堆肥化の基本……………………… 87
太平鎮…………………………… 171
高橋美智子……………………… 149
竹…………………………………… 76

竹繊維………………………… 78,80,103
竹繊維被覆………………………… 79
竹繊維マルチ……………………… 80
竹肥料……………………………… 77
田中角栄………………………… 146
棚田……………………… 16,52,56,57,110
棚田保全…………………………… 17
タマネギ………………………… 102
炭カル…………………………… 108
炭酸……………………………… 155
炭素率……………………………… 88
タンパク質含有量………………… 45
団粒構造……………… 13,30,55,171
地域産資材……………………… 100
地域資源……………………………… 1
地域農業…………………………… 18
地域未利用生物性廃棄物……… 167
チッソ…………………………… 147
窒素全量育苗箱施用……………… 42
知土報恩…………………………… 30
超ミニ田んぼ……………………… 33
貯水機能…………………………… 53
地力………………………………… 36
地力低下……………………………… 3
地力の衰え………………………… 18
地力を高める作物………………… 65
土臭いこと……………………… 158
土づくり…………………………… 29
土作り軽視……………………… 166
土泥棒…………………………… 162
土の骨格補強……………………… 11
土の酸性化………………………… 31

(217)

土のダム	12
土の中の微生物数	76
土の肉	12
土の柱	30
土の骨	19
土の骨と肉	5,175
低タンパク米	43,80
堤防刈草の堆肥化	82
鉄入り肥料	146
鉄欠乏	149
鉄欠乏耐性イネ	149
鉄分補給	147
デルフィニジン	114
踏圧増	30
陶石	154
灯台	68
糖尿病・亜鉛含有食材	64
倒伏	35
遠山敦子	8
遠山正瑛	143
登熟歩合	132
土壌ダム	75
土壌の「骨」	160
土壌の体力不足	59
土壌の不良化	15
土地の持つ価値	1
鳥取大学乾燥地研究センター	143,150
砺波平野	49
ドベネックの要素樽	9,13
トマト	102
トマト栽培	106

ナ 行

苗箱まかせ	6
苗箱まかせ N400-120	43,44
中能登町	100
ナタネ油粕	152
菜の花	71
生ごみ	89
生ごみ堆肥の化学組成	89
成田漁港	165
肉	19
ニコチアナミンアミノ基転移酵素	150
西澤直子	149
日中の技術協力	145
日本海鉱山	147
ネギ	126
ねぎのお布団	89
農業（水稲）用水基準	38
農業技術移転	177
農業生産環境	157
農業生産技術移転	138
農業用珪藻土	119
農村集落下水汚泥	101
農村集落下水汚泥堆肥の主成分	176
農村集落下水汚泥肥料	128
農村生活廃水	99
農薬	25,26,133
能登産カキ殻	111
能登半島	165
野々市土壌	47
法面緑化	131

ハ 行

パーライト………………………97
バイオマスエネルギー利用………179
バイオマス燃料……………………71
バイオマット………………………153
廃棄瓦………………………………134
バイケミ農法………………………80
廃材木質系…………………………12
ハイパーCDU……………………6,43
萩野昇………………………136,155
ハクサイ…………………79,126,130
ハクサイ根箱実験…………………93
ハクサンハタザオ…………………153
バケツでイネを育てる……………141
畑の肉………………………………68
服部鉱山……………………………154
塙町…………………………………13
ビオグリーン………………………83
肥効調節……………………………7
眉丈コンポスト……………………129
ビタミンB_1……………………63
一穂着粒数…………………………132
被覆緩効性肥料……………………6
百日草………………………………92
百日草の生育………………………92
表面酸化層…………………………61
表面被覆……………………………78
肥沃度低下…………………………30
微粒化プラント……………………50
疲労軽減……………………………96
ファイトレメディエーション……153
撫育…………………………………16
フキ…………………………………90
複合半導体基板セラミック………134
不耕起農法…………………………54
不耕起有機栽培イネ………………55
物理性の悪化………………………162
フライアッシュ（FA）……123,171,175
古井喜美……………………………146
ヘアリーベッチ……………………65
北京日本大使館……………………146
ヘビノネゴザ………………………153
放棄…………………………………3
宝達くず……………………………75
防虫…………………………………27
膨軟もみ殻………………………95,96
防風対策……………………………28
防風林………………………………28
保健機能……………………………90
ポジテブリスト制度………………26
骨と肉………………………………30

マ 行

前川甚作……………………………50
まこも………………………………66
松村謙三……………………………146
マメ化植物…………………………65
マリンストーン……………………134
マルチ…………………………23,78,79
みかん………………………………110
水菜…………………………………126
ミソソバ……………………………153

緑のダム……………………12,75	有機質肥料栽培米……………158
ミネラルアップ………………130	有機農法………………………25
未利用資源…………………108,117	有機物の還元…………………173
ムギネ酸……………………149,150	有機物の施肥位置……………91
無農薬の野菜づくり…………27	有機物分解……………………150
孟宗竹林………………………74	有機米…………………………61
毛沢東…………………………144	陽イオン交換容量……………119
木材皮…………………………171	用水環境の保全………………37
もみ殻…………………………95	抑草…………………………65,90
もみ殻燻炭…………………95,96	ヨシ……………………………23
もみ殻膨軟化装置……………95	吉岡金市………………………136
籾藁比…………………………45	流水客土………………………49
森敏…………………………147,149	緑化……………………………137
森本土壌……………………47,131	林業再生………………………76
	冷害…………………………13,15
	鹿西土壌………………………131
	ロングトータル………………148

ヤ・ラ行

ワ行

野菜残渣堆肥…………………88	輪島の千枚田………………16,52
やせた土………………………30	割に合う稲づくり……………159
有機栽培………………………25	
有機質肥料……………………99	
有機質肥料化…………………167	

技術資料（各種肥料・資材の生産者保証表示ほか）

Angel Harmony
エンジェル・ハーモニー

天然のカルシウム・ミネラル・特殊肥料

農薬、化成肥料を使用しない
環境保全型商品

貝化石肥料　東京都114号

荷姿：1kg袋・10kg袋・20kg袋
性状：粉状品・粒状品
用途：水稲・野菜・果樹・花卉・植栽・芝

成分表（単位：％）

成分	化学式	値
珪酸	SiO_2	11.12
アルミナ	Al_2O_3	2.21
酸化鉄	Fe_2O_3	0.96
酸化カルシウム	CaO	46.13
酸化マグネシウム	MgO	0.53
酸化ナトリウム	Na_2O	0.52
酸化カリウム	K_2O	0.41
微量要素	各種類含有	

特徴

① pH矯正、土壌改良を行い、植物の生育に適した土壌を作ります。
② 微生物が豊富で団粒化を促し、排水性・保水性・保肥力を向上させます。
③ 微量成分やアミノ酸を補給し、やせた土壌を改良します。
④ 植物の根が深く張るようになり、乾燥・低温に強くなります。
⑤ Ca・Siが豊富で、植物は対病性が向上し、農薬の使用を削減します。
⑥ 長期間効果が持続し、追肥がなくなり施工回数が減少します。

（社）日本造園建設業協会　賛助会員

竹中産業株式会社

Takenaka
Since 1925

〒101-0044 東京都千代田区鍛冶町1-5-5
TEL：03-3256-2355　　FAX：03-3254-8270
URL：http://www.takenakasangyo.co.jp/

省力・経済的・総合微量要素肥料
特許第1253751号

A B M
エー ビー エム

1ケース（3kg×8袋）

保証成分量（%）

く溶性マンガン	17.0
く溶性ほう素	7.0
（内水溶性	1.5 ）
く溶性苦土	1.5

土づくりで明日の農業を支える

朝日化工株式会社

〒932-8585　富山県小矢部市泉町7-1
TEL (0766) 67-2600
URL http://www.asahikako.co.jp

腐植と微生物で
健全な作物づくり

バチルス発酵有機・
天然腐植入り肥料

ビオン S888

トリコデルマ菌入り
腐植質土壌改良資材

ハイフミンデルマ

腐植が支える大地の恵み

日本肥糧株式会社

〒103-0023 東京都中央区日本橋本町1-10-5
TEL:03-3241-4231　FAX:03-3242-1780

能登リサイクル協同組合

〒928-0326
石川県鳳珠郡能登町字斉和の部3番地
TEL : 0768-76-8050

有機物腐熟促進・微生物相改善資材

酵素でくさ〜る

保証成分量(%)

窒素全量	3.0
りん酸全量	4.0
加里全量	1.0

※配合された枯草菌【IK210】をはじめ強力な分解酵素を
生み出す幾種類もの微生物が1g 当たり1億個以上、
生きたまま含まれています。

肥料形状　：　3.2mm径・ペレット

三興株式会社

〒678-1232　　兵庫県赤穂郡上郡町竹万905番地
　　　TEL (0791)−52−0037
　　　FAX (0791)−52−1816

有機とカルシウムのBIG POWERがさく裂

多孔質
天然有機／多孔質／カルシウム／各種ミネラル／魚貝類化石肥料

ニュー粒状トヨクィーン

苦土入り　弱アルカリ性　富山県産高純度貝化石を使用　**保証** アルカリ分 35%　く溶性苦土 3%

― よりよい作物づくりのパートナー ―

東陽商事株式会社

本社工場　富山県小矢部市水牧218番地
〒932-0811　TEL(0766)67-3725(代)
　　　　　　　FAX(0766)68-1768

貝化石は自然が創造したカルシウムが豊富な天然の肥料です
酸度をゆっくり矯正するため、作物を傷めません
酸性雨対策に貝化石の使用をお勧めします
ミネラルも豊富に含み、植物に必要な微量要素も含みます

貝化石産出鉱山として40年の歴史をもつ

日本海鉱業株式会社
日本海肥料株式会社

本社　　　　　　富山県小矢部市東福町3-26
鉱山　肥料工場　富山県高岡市五十辺393-2
TEL　0766-67-2038

土壌の改良にも最適なので、新築住宅用地の盛土に最適です
百年安心の地盤作成に貝化石の利用お勧めします

能登半島七尾西湾産カキ殻使用
土にスタミナを与え･･･肥効バツグン!!

カキ鉄エース

＜粒状品＞

混合石灰肥料（石川県第201号）
保証成分量（％） アルカリ分 45.0

北陸産業株式会社

石川県石川郡鶴来町水戸町ネ80番地
TEL 076-272-0516／FAX 076-272-1178

------------------------ 適肥適作 ------------------------

□有機入り配合肥料 □有機入り化成肥料 □粒状配合肥料
□高度化成肥料 □家庭園芸肥料 □各種肥料

健康な土作りには **ラフミン**® を

保肥力の向上や土壌の団粒化促進にも効果あり。ラフミン入りの配合肥料・BB肥料等用途に合わせたオリジナル製品も承ります。

KUKI

創業文化2年(1805年)

九鬼肥料工業株式会社

本社／〒510-0058 三重県四日市市西末広町4-17 TEL059-352-5151 FAX059-354-4177
支店／札幌　出張所／十勝、旭川　工場／四日市、釧路

RECO環境循環システム

生ごみを捨てるのではなく、循環させるという考え方

"食品残渣から
　　良質堆肥が生まれ有機野菜が育つ"

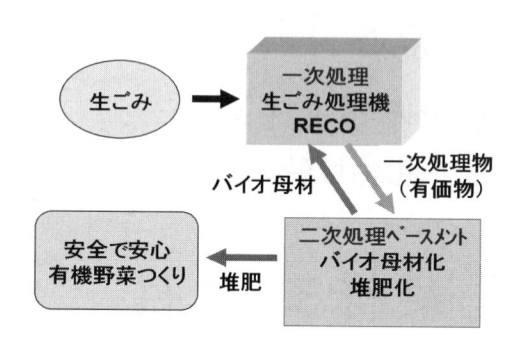

1年間熟成した完熟堆肥で
土が元気になります。

生ごみ → 一次処理生ごみ処理機 RECO
一次処理物（有価物）
バイオ母材
二次処理ベースメント バイオ母材化 堆肥化
堆肥 → 安全で安心 有機野菜つくり

小松電子株式会社

石川県小松市安宅町甲135
TEL　0761-21-2000
FAX　0761-21-1756

── チッソ旭の肥料で豊かな実り！──

コーティング肥料
エコロング®
LPコート®

苗箱まかせ®

緩効性肥料
CDU®
ハイパーCDU

硝酸系肥料のNo.1
燐硝安加里®　S604　F604

打ち込み肥料
グリーンパイル®
ロングパイル®

培土
与作®
V-1・N-150
N-20
ねぎ専用培土

〒460-0003
名古屋市中区錦2-2-13（名古屋センタービル）
TEL.052-212-2211　Fax052-212-2218

チッソ旭肥料株式会社

これからの農業に必要な素材の軽量化と良質化に

ハットリパーライト

効 果
- イネ育苗培土の軽量化(省力化)、良質化。
- 土壌の保水性、通気性に優れる。
- 保肥力を良くし肥効を持続。
- 屋上緑化、苗床、プラグなど軽量性の農・園芸・緑化用人工培土に適する。
- 無機質素材で無臭、無菌土壌中で永続的安定。

化学成分 (%)

SiO2	Al2O3	Fe2O3	CaO	MgO	K2O	Na2O
75.3	13.4	1.1	0.75	0.16	4.9	2.9

単位体積重量・・・・・0.15〜0.35kg/リットル
PH・・・・・・・・中性

ハットリ株式会社 事業所(兵庫県、三重県、石川県)

本社：〒920-0853 金沢市本町2丁目15-1 ポルテ金沢ビル11階
　　　TEL(076)262-5421　FAX(076)233-1349
営業部：〒498-0823 三重県桑名郡木曽岬町大字和富8-7
　　　　TEL(0567)68-5890　FAX(0567)68-5915

株式会社 松本建材

〜美しい 環境づくりを 応援します〜

販売品　　洗い砂(あらずな)

品　名	洗砂L	洗砂A	洗砂B	洗砂C	微細土壌
粒径(ミリ)	5〜20	2.5〜5	0.6〜2.5	0.15〜0.6	約0.02
用　途	園芸用軽石	軽量ブロックの骨材など	農業用肥料の材料	グランド用の材料など	土壌改良材

- ガーデニングから農業用、埋め戻し材、路床材まで幅広く利用可能です。
- オレンジ色のトラックで富山県内、県外へ配達致します。

気軽にご相談ください

株式会社　松本建材　　本社／〒939-1761　富山県南砺市太美210　TEL:(0763)52-4535
　　　　販売先　小矢部営業所／〒932-0133　富山県小矢部市小森谷35-8
　　　　　　　　　　　　TEL:(0766)69-8988　　FAX:(0766)69-8950

○産業廃棄物、土壌汚染調査を行っています○
環境分析センター(小矢部営業所内)/TEL:(0766)69-7060

有機肥料作りに最適!!

米ヌカペレット成形機
ぺレ吉くん

有機肥料作りに！
水田抑草に！

「ぺレ吉くん」で作った米ヌカペレット

米ヌカをペレットにして散布すれば

- 米ヌカの他、オカラ・大豆・油かす等 身近な素材でボカシペレットが作れます。
- 風の影響もなく平均に分散します。
- 動散または、専用散布機でまけます。

株式会社 タイワ精機
〒939-8123 富山市関186番地
TEL:076-429-5656 FAX:076-429-7213
http://www.taiwa-seiki.co.jp
E-mail:info@taiwa-seiki.co.jp

三州セラミックソイル

（農業・緑化・造園・各種広場等の客土、土壌改良資材）

成　分　組　成　(例)	分析結果(Wt%)
SiO_2（ケイ酸）	6 8
TiO_2（チタン）	1
Al_2O_3（アルミナ）	2 2
Fe_2O_3（鉄）	3
CaO（石灰）	1
MgO（苦土）	1
Na_2O（酸化ナトリウム）	1
K_2O（酸化カリウム）	3

水素イオン濃度(pH)
7.2(24℃)

電気伝導度(EC)
0.006mS/cm

透水試験
$1.49×10^{-3}$ cm/s

焼成瓦の粉であるため、作物の生育に重要なケイ酸などが主成分です。土に混合されると通気透水性が向上し、植物の根張りがよくなります。

愛知県陶器瓦工業組合　〒444-1323　愛知県高浜市田戸町一丁目1番地1
TEL0566－52－1200　FAX0566－52－1203

減肥料・減農薬栽培に 活緑物語 Katuryokumonogatari

緑王®
【機能構造水＋有機物】

環境保全型農業応援団

液体微量要素複合肥料 ミネアクア®

肥料登録番号 生第85603号

【含有成分】鉄、銅、亜鉛、モリブデン

【保証成分量】マンガン 0.22%、ほう素 0.45%

温度障害の予防・対策に ミネラルレインボー

海洋性ミネラル
＋
トレハロース

人にやさしい。地球にやさしい。

株式会社 プロフィット
PROFIT CO., LTD.
〒920-0378 石川県金沢市いなほ1丁目12番地
TEL 076-240-8600 FAX 076-240-8603

土に命を、作物に活力を、人に健康を！

農業用石膏（硫酸カルシウム）

特殊肥料　カルゲン

千葉県第 1384 号

成分分析例（%）

硫酸カルシウム（$CaSO_4 \cdot 2H_2O$）93.6

石川スズエ販売株式会社

〒921-8051 金沢市黒田2丁目373番地
TEL：076-249-0221　FAX：076-249-0224
E-mail：suzue@fork.ocn.ne.jp
http//www.suzue.sv.bigsite.jp/

丸八製茶場では良い食品づくりの会の「4条件・4原則」を基本理念とし、おいしいお茶づくりに励んでいます。

良い食品の4条件

1. なにより安全　　添加物や食品衛生の点で安心
2. おいしい　　　　形状、色沢、香味、食感のすべてが「本物」
3. 適正な価格　　　品質にてらし安い値段
4. ごまかしがない　不当、誇帳表示、過剰包装がない

良い食品をつくるための4原則

1. 良い原料　　安全で厳選された品質
2. 清潔な工場　機械、設備の行き届いた手入れと清掃
3. 優秀な技術　品質を正しく見分ける眼と、素材の特徴を引き出す腕
4. 経営者の良心　自らも消費者の1人としての考えで、儲けよりも品質を重んじる
　　　　　　　　「職人の心」を持ち、地球環境に配慮する。

加賀棒茶　㈱丸八製茶場
〒922-0331 石川県加賀市動橋町タ1番8

TEL (0761)74-1557
FAX (0761)75-3429
URL http://www.kagaboucha.co.jp

富山県産貝化石肥料

1：天然だから農業生産者や消費者にも安心です！

2：国内最大規模を誇る鉱床で安定産出です！！！

3：地力を高めて作物にミネラルを供給します！！！

富山県貝化石肥料協会

朝日化工株式会社　　大洋化学工業株式会社
いなほ化工株式会社　　東陽商事株式会社
昭和肥料株式会社　　日本海肥料株式会社

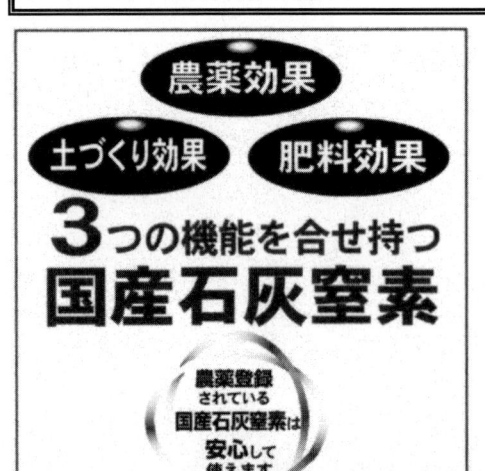

農薬効果
土づくり効果　肥料効果

3つの機能を合せ持つ
国産石灰窒素

農薬登録されている国産石灰窒素は安心して使えます

日本石灰窒素工業会
〒101-0045 東京都千代田区神田鍛冶町3-3-4
共同ビル（神田東口）8F
☎ 03-5207-5841　FAX 03-5207-5843

メルマガ最新版をご覧ください
http://www.cacn.jp

全国農業協同組合連合会指定

農業施設向け各種装置
・集排塵装置
・農薬廃液処理装置
・貯留ビン
・籾殻膨張軟化処理装置

炭化装置
　籾殻、木材、農業残さなどを炭化します。

暖房装置
　炭化装置で生産された炭を燃焼利用します。
　農業ハウス暖房用などに。炭以外も使用可能。

明和工業株式会社

〒920-0211 石川県金沢市湊3-8-1
TEL　076-239-0898
FAX　076-238-7718

TOMATO PASTE
《有機栽培》

大黄河の水と肥えた大地の恵みで育ったモンゴルのトマト

HACCP取得　2003年10月16日〜
ISO9001取得　2003年10月16日〜
緑色食品(LB-17-0404050375A)取得　2004年4月〜

PRO.DATE
BRIX：　　／　　％
LOT NO.　　DRUM NO.
CRS.WT：　　KG　NET.WT：　　KG

製造元／内蒙古萬野食品有限責任公司
Inner Mogolia Wan Ye Foods Co.,Ltd

日本総販売元／株式会社 門井商店

有機質肥料で豊かな実りを！！

◎有機入り配合ミドリトップ667 $\begin{bmatrix} \text{N-P-K} \\ \text{6-6-7} \end{bmatrix}$

　チッソ、リン酸は有機質原料だけから成り立ち、化成は使用しておりません。
　魚粕、動物質有機主体で配合されています。

◎魚粕粉末 $\begin{bmatrix} \text{N-P} \\ \text{6-7} \end{bmatrix}$

◎かにがら粉末 $\begin{bmatrix} \text{N-P} \\ \text{4-4} \end{bmatrix}$

◎有機物腐熟促進剤　わらエース

富山魚糧株式会社

〒939-3515　富山市水橋辻ヶ堂2679
TEL　076-478-1025
FAX　076-478-1067

食の安全を考える三菱農機です。

三菱紙マルチ田植機 LKV6

LKV6P
※再生紙ロールは別売品です

田面に再生紙をマルチしながら田植えを行います。再生紙が田面への日光を遮断しますので、田植えから1ヶ月の間、除草剤を使わず雑草の伸長と繁茂を抑えることができます。

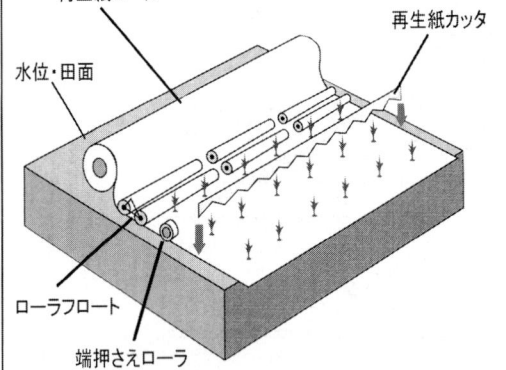

- 再生紙ロール
- 水位・田面
- 再生紙カッタ
- ローラフロート
- 端押さえローラ

稲の減農薬栽培・有機栽培に適した田植機、それが紙マルチ田植機です。

省力化
雑草の発生を抑制し、除草の手間が省けます。

環境保全
減農薬、有機栽培により環境保全に貢献します。

元気に農業、楽しく農業

育てよう豊かな大地 楽しもう明日の農業

三菱農機株式会社

本　社／島根県八束郡東出雲町大字揖屋町667-1　TEL.0852(52)2111(代)
営業本部／東京都品川区西五反田1-5-1五反田野村證券ビル
TEL.03(5759)8060(代)　ホームページ http://www.mam.co.jp/

農業のことなら
このマークのところで

応援します

資源循環型社会をつくろう。

限りある資源。大切なエネルギー。──海に、大地に、都市に。
世界中の人々の身近なところで明日の暮らしを支える確かな技術で
私たちヤンマーは「資源の有効活用」をテーマに、
これからも豊かな未来を拓き続けます。

Marine
FRP船
マリンレジャー

Agriculture
農業機械
農業施設

Construction
建設機械
小型発電機

Energy
ガスヒートポンプエアコン
コージェネレーションシステム
常用・非常用発電装置

Environment
バイオマス発電システム
環境海洋プラント
流通機器

Engine
産業用ディーゼルエンジン
舶用ディーゼルエンジン

YANMAR
www.yanmar.co.jp

株式会社 ヤンマー農機北陸　石川県白山市福留町615-1（〒924-0051）
TEL.076-277-3950

著者略歴
長谷川和久　1943年生まれ
鳥取大学農学部農芸化学科卒業
東京農工大学大学院農学研究科修士課程修了
東京大学農学部農芸化学科研究生（東京大学農学博士）
石川県農業短期大学助手、講師、助教授、教授、石川県立大学教授を経て、
現在同大客員・名誉教授
内閣府認証 NPO法人日中資源開発協会（金沢、東京、那覇）
堆肥化・新肥料研究所（〒921-8836　いしかわ大学連携インキュベータ 109）
著書　複合肥料に関する研究と応用、土壌と生産環境（共に単著、養賢堂刊）

2009 環境保全型農業の理化学 検印省略		2009年5月30日　第1版発行	
	著作兼発行者	長谷川和久（はせがわかずひさ）	
	著作者住所	〒932-0842 富山県小矢部市長121	
©著作権所有	発　売　者	株式会社　養賢堂 責任者　及川　清	
定価 3150円 (本体 3000円) 税 5%	印　刷　者	星野精版印刷株式会社 責任者　星野恭一郎	
発売所 株式会社 養賢堂	〒113-0033　東京都文京区本郷5丁目30番15号 TEL 東京(03)3814-0911　振替00120 FAX 東京(03)3812-2615　7-25700 URL http://www.yokendo.com/		
	ISBN978-4-8425-0452-0　C3061		
PRINTED IN JAPAN		製本所　株式会社三水舎	